纺织服装高等教育"十二五"部委级规划教材

高职高专服装专业项目教学系列教材

服装CAD设计

李金强　编著

东华大学 出版社

图书在版编目（CIP）数据

服装 CAD 设计／李金强编著. —上海：东华大学出版社，
2014.9
　ISBN 978-7-5669-0526-0

Ⅰ．①服… Ⅱ.①李… Ⅲ．①服装-计算机辅助设计
Ⅳ.① TS941.26

中国版本图书馆 CIP 数据核字（2014）第 133319 号

责任编辑／徐建红　冀宏丽
封面设计／潘志远

出　　　版：东华大学出版社（上海市延安西路 1882 号 邮政编码：200051）
本 社 网 址：http://www.dhupress.net
天猫旗舰店：http://dhdx.tmall.com
营 销 中 心：021-62193056　62373056　62379558
印　　　刷：业荣升印刷（昆山）有限公司
开　　　本：787mm × 1092mm　1/16
印　　　张：8
字　　　数：205 千字
版　　　次：2014 年 9 月第 1 版
印　　　次：2014 年 9 月第 1 次印刷
书　　　号：ISBN 978-7-5669-0526-0/TS・502
定　　　价：29.00 元

前　言

当今社会，科学技术迅猛发展，特别是计算机科学和信息技术更是日新月异，多媒体技术、计算机网络、虚拟现实等给计算机信息科学带来一次又一次的革命，也大大地推动了服装 CAD 技术的发展。

CAD 技术是衡量一个国家工业水平的重要标志，它是可以帮助人们摆脱手工方式的脑力劳动，为人们进入更高层次的创作性劳动提供良好的环境，使企业能以高质量、低价格并以更短的产品周期完成对市场的快速响应。从国内外具有较高水准的服装公司的研究态势和产品开发情况来看，服装 CAD 的发展趋势可见一斑。

本书的论述力求深入浅出，能使读者迅速、科学地掌握服装 CAD 软件的操作方法与技巧，注重技能的培养，方便使用人员在短时间内掌握西服裙、夹克和牛仔裤等最基本的服装款式的制版技巧，同时通过对服装 CAD 各种工具的使用，掌握各种裙、裤装的结构及其变化特点，绘制出各种服装款式的结构图，以符合现代服装生产和管理要求。

本书主要以度卡服装 CAD 软件为载体进行介绍，教材目标读者是职业教育与培训人员，培养技术应用型人才，在内容上主要是讲软件的具体使用方法，其中关于实例的篇幅较大，反映了对技能学习的要求。

全书共五章，第一章由韩兵执笔，第二章和第四章由李亚男执笔，前言、第三章和第五章由李金强执笔。本书最后由李金强统稿，并进行内容删减调整和修改润饰，于政婷协助统稿，刘兆霞负责图案资料处理。本书在编写过程中得到了度卡软件公司徐萍小姐和东华大学出版社编辑的帮助和指导，度卡软件公司李阳小姐在录入过程中给予了大力支持，并给本书提出了许多宝贵的意见。在此，向上述提到的各位以及给予本书帮助的所有人员表示衷心的感谢。

由于时间仓促，再加上编者水平有限，本书难免有疏漏之处，恳请各位读者和同行们提出宝贵意见，以便再版时加以修正。

编者

前　言

目 录

第一章　绪　论

学习目标：了解服装 CAD 的概念、服装 CAD 的发展历史和国内外服装 CAD 的现状及其发展趋势。明确服装 CAD 对服装产业发展的促进作用，掌握服装 CAD 系统的软硬件概况，认识怎样正确地选择合适的服装 CAD 系统。

学时：2 学时。

第一节 服装 CAD 概述

20 世纪 70 年代以来，计算机技术不断发展，特别是微型计算机的发展，推动了许多行业的发展。服装业在 20 世纪 70 年代初开始引入计算机技术，早期因为硬件的原因，发展非常缓慢，直到 IBM PC 机问世之后，才加快了发展步伐，而我国服装 CAD 的迅速发展则是近十年的事情。

一、服装 CAD 的概念

CAD 是计算机辅助设计（Computer Aided Design）的英文缩写。主要功能是将设计工作所需的数据与方法输入到计算机中，通过计算机的计算与处理，将设计结果表现出来，再由人对其进行审视与修改，直至达到预期目的和效果。一些复杂和重复性的工作由计算机完成，而那些判断、选择和创造性强的工作由人来完成，这样的系统就是 CAD 系统。

服装 CAD 是应用于服装领域的 CAD 技术。目前，已经成功应用于服装领域的有款式设计（FDS）、纸样设计（PDS）、推档（Grading）、排料（Marking）等。

二、服装 CAD 的作用

1. 计算机在服装工业中的应用

计算机在服装工业中的应用非常广泛，主要有以下几个方面：

（1）计算机辅助服装设计——服装 CAD；

（2）计算机辅助制造——CAM；

（3）柔性加工系统——FMS；

（4）企业信息管理系统；

（5）服装信息系统；

（6）服装营销；

（7）人才培养。

2. 服装 CAD 的作用

由于服装产品质量要求的不断提高，对新型技术的需求也不断提升，服装 CAD 系统功能的不断拓宽已成为近年来服装界、CAD 界研究人员追求的目标之一。服装 CAD 技术的应用所产生的巨大经济效益，引起了世界范围内研究机构和服装行业的极大关注，并结出了丰硕的成果。据不完全统计，21 世纪初日本服装 CAD 技术普及率已达 80%，欧洲国家已有70% 以上的服装企业配备了服装 CAD 系统，在我国台湾的服装企业中普及率达 30%。但是，我国内地服装企业 CAD 系统的拥有率只有不到 5% 的比例，这与我国"服装大国"的地位极不相配。

企业引进服装 CAD 系统后，使得样版设计制作效率明显提高。据测算，国内服装企业若完成一套服装样版（包括面版、里版、衬版等），按照一般人工定额，完成一档为 8 个工时，若以推五档计算，就需 40 个工时。如果采用服装 CAD 系统，则只需 10 个工时即可，这就意味着工作周期大大缩短。

日本数据协会在 20 世纪 90 年代对几十家应用 CAD 技术的企业所进行的有关应用效益的调查表明，CAD 系统的作用主要体现在以下几个方面：

（1）90% 的企业提高了产品设计的精度；

（2）78% 的企业减少了产品设计与加工过程中的差错；

（3）76% 的企业缩短了产品开发的周期；

（4）75% 的企业提高了生产效率；

（5）70% 的企业降低了生产成本。

国内亦有同类资料介绍，服装企业采用 CAD 技术之后，企业的社会效益和经济效益都得到了显著的提高：

（1）面料利用率提高了 2% ~ 3%；

（2）产品设计周期缩短至十几分之一，甚至几十分之一；

（3）产品生产周期缩短 30% ~ 80%；

（4）设备利用率提高 2 倍~ 3 倍。

综上所述，服装 CAD 技术在服装工业化生产中起到了不可替代的作用，可以说这项技术的应用是现代化服装工业生产的起始，因此，大力推广服装 CAD 技术十分必要。

第二节　国内外服装 CAD 系统简介及发展趋势

一、服装 CAD 技术发展概况

1. 国内技术发展状况

我国服装 CAD 技术起步较晚，但发展速度很快。自"七五"后期，国内许多研究机构和大专院校相继开始研究开发服装 CAD 技术，并逐步从实验室成功地走向商品市场。航天工业科技集团 710 研究所、杭州爱科电脑公司等经过 20 多年的努力，使我国服装 CAD 技术基本上立足于国内市场。国产的服装 CAD 系统功能比较强大，在很多方面适于国人使用，已经逐渐被国内用户接受。

虽说国产服装 CAD 应用方面的技术同国外相比存在一定差距，但国产服装 CAD 的价格更符合我国企业实际，中小企业更愿意接受，其系统之间既可独立运作又可形成一体共享资源，有些国产的服装 CAD 系统还具有记录、重播和修改设计过程的功能，更便于学习与修改。但就总体而言，国内服装 CAD 系统与国外还有一定差距。从软件的整体技术来看，国外系统的技术覆盖面远远大于国内系统。

目前，国内服装 CAD 技术已较成熟，如台湾度卡 CAD、富怡服装 CAD、智尊宝坊服装 CAD、航天服装 CAD、北京日升天辰服装 CAD、杭州爱科服装 CAD 等。

2. 国外技术发展现状

20 世纪 60 年代初，美国率先将 CAD 技术应用于服装加工领域并取得了良好的效果；70 年代起，一些发达国家也纷纷向这一领域进军，并取得了一定的成绩。迄今，国外服装生产已经从 20 世纪 60 年代的机械化、70 年代的自动化、80 ~ 90 年代的计算机化发展到了今天的网络化。纵观服装 CAD 各大系统的技术发展，各有所长。在世界各国拥有数千用户的美国格柏（Gerber）公司历史悠久，占据了服装 CAD 技术的首领地位，并形成新的技术产业。格柏系统目前比较注重专业软件的通用化和操作系统的兼容性，已经进入了软件的集成化（CIMS）和硬件的 CAM 发展阶段。

在国内外影响较大的主要有美国的格柏（Gerber）公司、法国的力克（Lectra）公司和西班牙的艾维（Investronica）公司等。

法国力克系统比较注重 CAD 软件的服装专业化和自成体系，而西班牙艾维系统则介于两者之间，同时兼顾操作系统兼容性和 CAD 软件的专业化。为了增强市场竞争力，许多公司都在界面汉化上做了一定的工作，另外在三维服装 CAD 系统方面，也有了不小的成就，如美国、加拿大、日本等国都有研制成果推出。美国 PGM 系统、加拿大派特系统（PAD System）在实现款式从二维裁片到三维显示方面取得了阶段性进展。法国力克目前推广的高版本 CDI-U4IA 已含有三维技术，部分实现了三维设计转化为二维裁片的功能，使得设计师可以进行虚拟的立体裁剪设计。

二、国内服装 CAD 系统简介

1. 度卡 CAD（DOCAD）

度卡是世界领先的 CAD/CAM 供应商之一，成立于 1982 年。以杨振明先生为领导的研发团队以创新的思维、坚强的毅力，结合服装制作实务经验，开发出一套接近人工操作的打版软件，并首创电脑直接打版和全自动放缩功能。二十多年来，度卡一直努力追求完美的适用性和稳定性，并致力于为客户提供完全电脑化的解决方案，使服装设计和生产全面进入信息时代。度卡先进的技术、个性化的解决方案和完善而深入的服务，增强了客户的市场竞争力。

目前，度卡在中国各主要城市和服装产业聚集地区都设有分公司、代理商和办事处，其产品已经成为服装和相关行业应用最广泛的设备，并成为中国服装行业在新世纪最重要的生产力来源。

2. 日升天辰服装 CAD（NAC2000）

该系统已有十年的发展历史，能顺应企业的实际需要，在细节上做了不少开发工作，建立了非常实用的数据库，有制版系统、推档系统、排料系统、工艺单设计系统、款式设计系统、三维立体描绘中心、面料设计中心等。

3. 爱科服装 CAD（ECHO）

爱科公司在中国是最早进行服装 CAD 软件研发的专业公司之一，在国内享有很高的知名度，爱科服装 CAD 一体化系统经过几十年的研发，目前已经涵盖了设计、打版、放码、排料、工艺、三维、数据管理、生产管理等功能强大的软件产品群。爱科系统与其他 CAD 系统可以进行广泛的数据交换，EC 支持 TIIP-DXF（日本服装 CAD 数据交换标准）以及 AAMA-DXF（美国标准）等。

4. 智尊宝坊服装 CAD（MODASOFT）

北京六合生科技发展有限公司是一家从事服装计算机应用软件开发的高新技术公司，依托清华大学和东华大学在科技与服装专业方面的优势，凭借对服装行业透彻的理解，以及领先的计算机技术水平，经过多年的研究，开发出了具有行业领先优势，并且适合我国服装工业特点，而又有别于其他软件产品的一系列服装软件产品。

现已推出的产品有打版系统、推档系统、排料系统、服装款式设计系统、工艺单制作系统等。

5. 富怡服装 CAD（richpeace）

富怡服装 CAD 系统兼容性较好，能与目前国内外绝大多数的绘图仪和数字化仪连接，且可以进行多种转换格式（如 DXF、AAMA 等），可以与国内外 CAD 系统的资料进行互相转换应用。富怡服装 CAD 系统是目前国内普及率和应用率较高的产品，特别是在广东、福建、江浙一些沿海地区应用率较高。

已经开发出来的产品有富怡服装工艺 CAD（打版、放码、排料）、工艺单软件、格式转换软件、富怡 FMS 生产管理系统、立体服装设计系统及毛衫设计、针织、绣花系统等。

6. 航天服装 CAD（Arisa）

航天服装 CAD 系统是国内最早自行开发研制并商品化的服装 CAD 系统之一。在国内外同类产品中，航天系统的功能模块较为齐全，有款式设计、样版设计、放码、排料、试衣五大分系统，并可按需组合，涵盖了服装设计和生产的全过程。另外，还有广泛、丰富的信息和实力雄厚的专业研制队伍，以及最新研发的衣片数码摄像输入、三维人体测量系统，确保了航天服装 CAD 处于国内领先地位。

三、国外服装 CAD 系统简介

1. 美国格柏系统（Gerber）

美国格柏服装 CAD 是世界上最早进行服装 CAD 软件开发的公司，也是最早进入我国的服装 CAD 软件之一。系统功能包括：产品设计系统（Vision® Fashion Studio）、AccuMark™、纸样设计系统（Pattern Design）、量体裁衣系统（Made to Measure）、服装设计和立体试衣系统（V-Stitcher）、Gerber 3D Direct、工业排版图优化系统（NESTERserver）、排版图优化系统（NESTERpac）、纸样设计系统（Silhouette）等。

2. 法国力克系统（Lectra）

法国力克服装 CAD 系统于 20 世纪 90 年代初进入中国市场，以"优异的性能、合理的价格"和得当的营销策略赢得了较大的市场份额。其产品包括：织物设计系统、结构设计与放码系统（Modaaris）、排料系统（Diamino）、工艺单制作系统（Graphic sped）、电子产品目录系统（Lectra catalog）、量身定制系统（MD-Fitnet）、三维视觉商店设计系统（3DVM）、三维人体扫描系统（3D body scanner）等。

3. 德国埃斯特系统（Assyst-Bullmer）

德国埃斯特系统 20 世纪 90 年代末进入中国，由于系统适应面广、性能独特、营销恰当，在我国已有一定的市场份额和知名度。其软件功能包括：Graph assyst 服装设计、Cad assyst 打版放码、Lay assyst 交互式自动排料、Automarker com 网上排料、MTM assyst 量身定制等。

四、服装 CAD 的发展趋势

社会科学技术迅速发展，特别是计算机科学和信息技术的发展更为显著，多媒体技术、计算机网络、虚拟现实等给计算机信息科学带来新的革命方向，也大大地推动了服装 CAD 技术的发展。从国内外具有较高水准的服装公司的研究态势和产品开发情况来看，服装 CAD 的发展趋势不可小觑。

1. 集成化

服装生产的全面自动化已成为当今服装业发展的必然趋势。这种全面自动化技术既包括公司经营和工厂管理的计算机信息系统（MIS 系统），也包括计算机辅助设计与制造系统（CAD/CAM 系统）和计算机辅助企划系统（CAP 系统）。服装生产的全面自动化使产品从设计、加工、管理到投放市场所需周期的缩短，都提高了企业对市场的反应速度和企业的经济效益。世界各国的专家预测，当今工程制造业的发展趋势是向集成化（CIM）方向发展，CIMS 正成为未来服装企业的模式。

2. 网络化

服装产业是信息敏感的产业。及时获取、传送信息，并进行快速反应，是企业生存和发展的基础。利用网络技术，建立企业内部的信息系统，进入国内外的公共信息网络，既可以使企业及时掌握各种信息，利于企业的决策，又可以通过信息网络宣传自己或进行产品交易。服装 CAD 系统不仅属于服装企业，商家与顾客也可以与企业的 CAD 系统联网，直接参与设计。随着三维 CAD 技术的发展，人们还能够进入网络的虚拟空间去选购时装，进行任意的挑选、搭配、试穿，达到最终理想的效果。同时系统的网络化也为 CIMS 的实现创造了必不可少的条件。因此，服装 CAD 只有通过网络联系起来才能做到资源共享和协调运作，以发挥更大的效益。

3. 服装 CAD 三维设计

迄今为止，服装 CAD 系统都是以平面图形学原理为基础的，无论是款式设计、样片设计还是试衣系统，其中的基本数学模型都是平面二维模型。但是，随着人们对着装合体性、舒适性要求的提高，着装个性化时代的到来，建立三维人体模型，研究三维服装 CAD 技术，已经成为服装 CAD 技术当前最重要的研究方向和研究热点。尽管目前许多服装 CAD 系统，如 Gerber、Lectra、PGM 和 PAD 等含有三维试衣等技术，但仍处于探索阶段，还存在着一些难解决的问题，与实用要求还有一定的距离。现今，如何解决这些问题，是三维 CAD 走向实用化、商品化的关键所在，如果这一技术能真正突破，必将会给服装产业及相关领域带来深刻的革命。

4. 智能化

迄今为止，服装 CAD 设计系统的指导原则是采用交互式工作方式，为设计师提供灵活而有效的设计工具。计算机科学领域中富有智能化的学科和技术，如知识工程、机器学习、联想启发、推理机制和专家系统技术，未被成功地应用到服装 CAD 系统中。由于系统本身缺少灵活的判断、推理和分析的能力，使用者仅限于具有较高专业知识和丰富经验的服装专业人员，所以许多服装生产厂家望而却步。但随着知识工程、专家系统逐渐被引进服装工业，计算机具有了模拟人脑的推理分析能力，拥有行业领域的经验、知识、听觉和语言能力，使服装 CAD 系统提高到智能化水平，起到激发创造力和想象力的作用，发挥出更有意义"专家顾问""自动化设计"的作用。

5. 自动量体、试衣

世界时装业正朝着个性化及合身裁剪方向发展。服装的合体性已被广泛地认为是影响服装外观及舒适性的一个重要方面，它甚至被认为是影响服装销售的最重要的因素之一，这对服装 CAD 系统提出了新的要求：快速自动的测量、准确的人体数据，将数据输送到设计系统，并且在电脑的屏幕上进行试衣。无接触式的测量可利用摄影中的剪影技术来确定体型，借助精密的形体识别系统来确定人体各个部位的尺寸，或者利用激光技术产生人体的三维图像。目前人们正在研究更加可行的自动生成人体体型数据的软件。

第三节　服装 CAD 系统的使用环境

一、服装 CAD 系统的硬件设备

服装 CAD 系统由硬件系统和软件系统两部分组成。其中，服装 CAD 硬件系统是软件的载体，一般包括一些子系统，如图 1-3-1 所示。

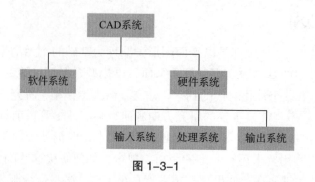

图 1-3-1

　　输入系统：用来获取数字信号，然后输入计算机，包括数字化仪、扫描仪、数码相机等。扫描仪、数码相机用来获取款式效果图或面料，数字化仪用来读取手工已绘制好的纸样。

　　处理系统：计算机硬件系统。服装 CAD 对计算机的配置要求不是很高，例如：P Ⅳ CPU，40G ～ 80G 硬盘，256M 内存的配置已能满足要求。不过显示器应该配置得好一些，19 英寸以上的显示器为好，保证图样显示效果比较好又有利保护自己的眼睛。

　　输出设备：包括打印机、绘图仪和自动裁床等。打印款式效果图一般用彩色打印机，打印纸样则需要 90cm 以上幅宽的绘图仪，如图 1-3-2 所示。

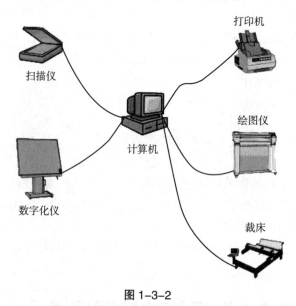

图 1-3-2

二、服装 CAD 系统对计算机的要求

　　早期，因为服装 CAD 涉及图形处理及图形显示与输出，因此对计算机硬件能力有一定的要求，随着计算机硬件的不断发展，现在主流的计算机配置均能满足服装 CAD 的要求，只不过因为图形显示的需要，在显示器的选购上可做高一点的要求。

　　基本配置不低于如下即可：

　　Pentium Ⅳ-1.8G；

　　奔腾处理器；

内存：256MB；

操作系统：Microsoft Windows™ 2000；

硬盘：40GB；

显示器：17"，分辨率：1024×768，16.7兆色；

接口：并行口，串行口，USB端口。

第四节　服装企业配置服装 CAD 的必要性以及服装 CAD 系统的选购

一、配置的必要性

现在大多数服装企业的服装款式变化大、号型多，制版和推档工作越来越复杂，人工制版推档已经不能满足多款式、小批量的要求，招聘更多的员工又是一件比较麻烦的事，显然这并非提高企业生产力的最佳方案。而服装 CAD 的制版、推档的高效率可以较好地满足企业需求。服装 CAD 的高效率体现在如下几个方面：

（1）制版：服装 CAD 远比手工快，特别在省褶变化比较多的女装制版方面。

（2）修版：服装 CAD 在已经推档的版型上只需修改基本码，其他号型的版型就会自动修改，与手工相比效率有极大的提高。

（3）推档：服装 CAD 在推档方面的效率和准确度已经为大家所公认，并且号型越多效率越高。

（4）排料：可以学习和继承老师傅的排料经验，让新手也能很快成为排料能手。

一般工厂都有纸样间以用来保存纸样，多年下来纸样积累得非常多，保存不但占用房间，而且查询非常困难，服装 CAD 让所有纸样都成为数字信息，不管有多少纸样都可以保存在计算机里，时时刻刻都可以轻松查询、调出。

另外，远程纸样传输几分钟就可完成，工厂可以低成本聘请高级结构设计师从事兼职制版工作，降低企业的生产成本。

服装数字化是服装行业的必然趋势，服装 CAD 是服装数字化的开始。以前，服装企业购买服装 CAD 系统也许未能充分利用；现在，购买服装 CAD 系统对于大多数企业来说则是真正的需要。

二、如何选购服装 CAD 系统

早期的一些大型服装企业抱着"硬件为先"的想法，购买裁床的同时选择裁床配套的服装 CAD 系统，结果盲目选购造成软件不好用，往往导致几十万、上百万的大型设备或瘫痪，或利用率极低，造成了企业投资的极大浪费。这种现象同样发生在一些小企业身上。出于资金的考虑，有些小企业或个人倾向于购买硬件获赠软件，其实软件如同大脑，一个机器没有好的大脑指挥，即使硬设备性能再好也可能形同废铁。因此，越来越多的企业意识到，服装 CAD 应用的成功与否，关键在于 CAD 软件是否好用。

对一些发展初期中的或已经具有一定规模的服装企业来说，企业引进服装 CAD 系统不应看作是一件孤立的事情。这些企业已经初具规模，企业不仅需要在技术方面引进服装 CAD 系统，还要在管理方面引进相应的服装管理系统。因此，这样的企业在采购软件之前，自身应该先确立起来一套针对自身的数字化建设的整体想法，服装 CAD 系统的实施只是整个方案中的一个局部。也就是说服装 CAD 是服装企业数字化的一个环节，它必须与其他系统相连接。

其次，就是看价格，一般来说价格与产品质量和售后服务有关，企业在购买时根据自己的需要和购买能力进行选购。

再次，是售后服务。这个因素非常重要，一个企业在购买服装 CAD 系统前要做一定的调查了解，有的系统销售公司在客户购买之前非常热情，说的让人感觉他什么都好，但购买了之后出现问题需要解决时，却推卸责任，长时间不予处理，对购买企业造成很大的损失。

因此，在购买时，要克服盲目性，必须结合企业自身的生产规模、产品结构、产品档次、生产方式等选择不同系统功能与输入输出设备。在能力允许的情况下，可以选择有较好口碑的大公司产品，使用起来比较有保障。

三、评判服装 CAD 系统的标准

一个服装 CAD 系统本身质量有好坏之分，但我们在评价它时主要结合我们自身实际情况来评价，这才是有价值的评价。其中，评判标准主要有以下四个方面：

（1）软件的稳定性与兼容性；
（2）软件的操作性能；
（3）软件的升级及售后服务；
（4）软件的功能与本企业的实际需要是否相符。

思考题：

1. 什么是服装 CAD？
2. 服装 CAD 由哪些部分组成？
3. 服装 CAD 有哪些功能？
4. 简要分析服装 CAD 的发展趋势。
5. 简述企业配置服装 CAD 的必要性。
6. 简述如何选购服装 CAD。
7. 应从哪些方面进行服装 CAD 的评价？

第二章　度卡CAD打版推版(放缩)系统

学习目标: 通过本章学习, 了解打版、推版（放缩）系统的构成, 熟悉各个工具的作用并掌握其应用, 能够利用系统提供的工具解决具体问题, 并制作出服装版型来。

学时: 12学时。

第一节 度卡 CAD 系统的安装

一、初次安装度卡 CAD 系统

1. 推荐电脑配置

为了发挥度卡 CAD 系统最佳的运行性能，我们推荐 CPU 1.83Ghz 以上、RAM 1Ghz 以上、C 盘有 2GB 以上可用空间、Operating System（操作系统）Windows2000 或 Windows XP；另外，安装软件，必须有光驱（CD–ROM）；使用工厂版，必须有 USB 接口。

由于电脑在使用过程中不可避免地要接触外来的 U 盘、软盘以及连接网络等，为资料安全，推荐用户安装可靠的杀毒软件。经常备份重要资料，是避免丢失文件的有效方法。

2. 从光盘中安装度卡 CAD 系统

安装系统请按照下列步骤进行：

（1）将安装光盘插入光盘驱动器；

（2）双击桌面上"我的电脑"图标，弹出浏览窗口；

（3）双击"光驱图标"（通常形状像一个光盘，并且旁边写有 DOCAD 字样）；

（4）双击"setup.exe"或"setup"；

（5）电脑自动运行安装程序，并依次出现图 2–1–1 和图 2–1–2 所示画面。

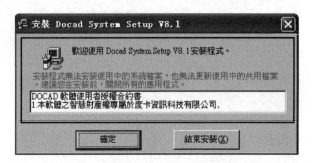

图 2–1–1

图 2–1–2

在图 2–1–1 中点击"确定"进入图 2–1–2 画面，然后点击 ![按钮] 的按钮，开始复制档案。

注意：在复制档案的过程中，可能会提示“将要复制的档案比目前已有的档案要旧。是否保留已有档案？”请点击“是”，保留已有档案。

（6）复制完成，进入图 2-1-3 画面。

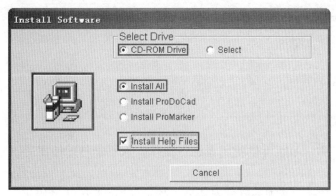

图 2-1-3

请确保图中“CD-ROM Drive”、“Install All”和“Install Help Files”被选中或打上钩。点击 按钮，即可等待安装完成。

（7）安装结束，会提示是否重新启动（reboot），点击“是”（Yes）。重新启动后安装完毕，桌面会出现图 2-1-4 所示两个图标。

① 双击桌面图标 ，启动打版、推版（放缩系统）。

② 双击桌面图标 ，启动排马克（排料）系统。

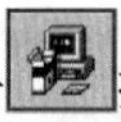

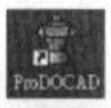

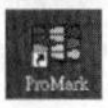

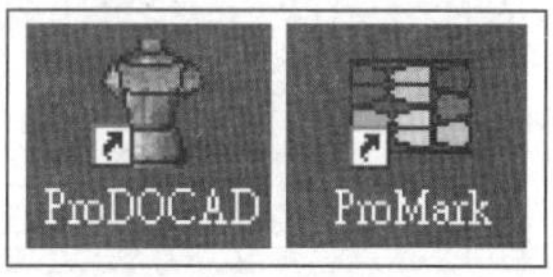

图 2-1-4

3. 度卡 CAD 系统程序文件的构架

软件安装完毕，在 C 盘下出现名为“ProDocad”的打版系统文件夹，其中所含内容如图 2-1-5 所示。

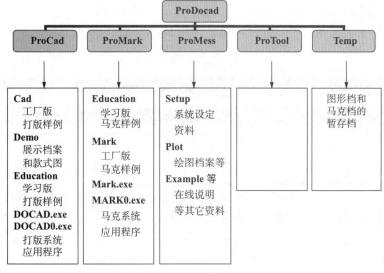

图 2-1-5

4. 非光盘安装

如果用户计算机没有安装光驱，可以借助其他计算机，将 CAD 系统光盘的所有内容通过网络或移动设备（如：U 盘、移动硬盘等）复制到本地计算机 D 盘，再进行软件安装。

> **注意**：使用此方法安装软件时，在上述安装画面 "Select Drive" 需选 "⊙ Select" 并选择路径 "D:\"。

二、设定密码

1. 学习版和工厂版

软件安装后，为学习版可供使用者练习操作。除不能打印输出外，学习版的功能与工厂版相同。

软件要转为工厂版，必须在软件安装后，插上 "Key Pro"（密码狗），并设定软件密码。

2. 设定密码

插上 "Key Pro" 后，启动打版系统（ProDocad）或排马克（排料）系统（ProMark），

工作画面上都有一个形如钥匙的图标 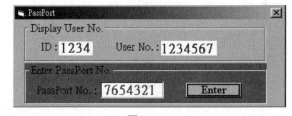。点击该图标，出现图 2-1-6 中的 ID 号码和 User No.，这两个号码是系统给定的。

用户请联系度卡公司，并告知这两个号码，度卡公司会返还一组 PassPort No.，如图中的号码 "7654321"。

图 2-1-6

用户输入该号码，点击 "Enter"；随后关闭软件，重新打开，即从学习版转为工厂版。

3. 区分学习版和工厂版

无论打版系统还是排马克（排料）系统，在工作画面最上方都有一个蓝色条，上有一行文字，如图 2-1-7 所示。学习版会有圈中 "/Study Version" 字样；反之，如没有这些，就是工厂版。

图 2-1-7

三、重新安装 (Re-Install)

如果用户的计算机上已经安装了度卡 CAD 系统，但因故需要再次安装，则按照下列方法进行。

1. 保留设定档

设定档"Setup.set"里记录度卡 CAD 用户软件与硬件的设定，是度卡 CAD 系统非常重要的文件。软件重新安装之前必须先对以前的设定档进行保留，保留到路径"C:\ProDocad\ProMess\"下面，找到"setup"文件夹，重命名为"setup2"。

2. 安装软件

软件的安装方法跟初次安装基本相同，只是重新安装时出现的第二个画面不同，如图 2-1-8 所示，点击 按钮即可。

图 2-1-8

3. 恢复设定档

在"C:\ProDocad\ProMess\"目录下面，首先把新产生的"setup"文件夹删除，然后把"setup2"重新更名为"setup"。

4. 重新设定密码

完成安装后重新设定密码。

四、软件更新（Update）

1. 更新打版系统（ProDocad）

更新打版系统的方法如下：

（1）从度卡公司获得用于更新的文件"DOCAD0.exe"（一个压缩档案）。如果用电子邮件传送文件给客户，通常会将扩展名改成其他形式，如"DOCAD0.aaa""DOCAD0.bbb"等。

（2）下载文件后，请将扩展名改回为"DOCAD0.exe"，再将新的"DOCAD0.exe"放到"C:\ProDocad\ProCad\"目录下面，（因为这里原来已经有一个名为"DOCAD0.exe"的文件，请先将其改名为"DOCAD1.exe"）

（3）删除"C:\ProDocad\ProCad\"目录下面的"DOCAD.exe"。

（4）双击新的"DOCAD0.exe"，直到生成新的"DOCAD.exe"，更新完成。

2. 更新排马克（排料）系统（ProMark）

更新排马克（排料）系统的方法如下：

（1）从度卡公司获得用于更新的文件"MARK0.exe"。如果用电子邮件传送文件给客户，通常会将其扩展名改成其他形式，如"MARK.aaa"、"MARK.bbb"等。

（2）下载文件后，请将扩展名改回成"MARK0.exe"，再将新的"MARK0.exe"放到"C:\ProDocad\ProMark\"目录下面（因为这里原来已经有一个名为"MARK0.exe"的文件，请先将其改名"MARK1.exe"）。

（3）删除"C:\ProDocad\ProMark\"目录下面的"MARK.exe"。

（4）双击新的"MARK0.exe"，直到生成新的"MARK.exe"，更新完成。

第二节　度卡 CAD 打版和推版（放缩）系统

一、界面介绍

双击桌面上 ![ProDOCAD icon]（ProDOCAD）的快捷方式，就会打开 ProDOCAD 软件，出现图 2-2-1 所示打版画面。

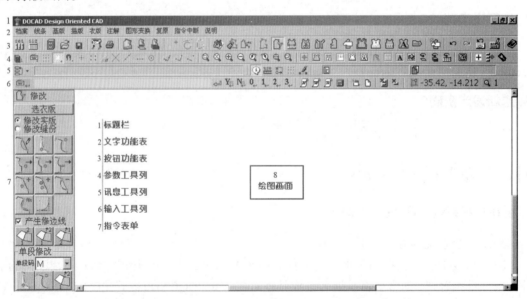

图 2-2-1

打版画面从上到下依次是：

1. 标题栏

蓝色背景，显示"DOCAD Design Oriented CAD"字样。（录取图形后会记录图形档的存盘路径。）

2. 文字功能表（图 2-2-2）

文字功能表中包含档案、线条、基版、描版、衣版、注解、图形变换、复原、指令中断、说明等十大功能，如图 2-2-2 所示。

图 2-2-2

3. 按钮功能表（图 2-2-3）

图 2-2-3

设定　尺寸表　图形档　开启图形档　储存图形档　绘图机　印表机　放缩　单层放缩各码　各层放缩各码　参考点　参考线参考圆　简易衣版　描版开始描版　定放缩设定放缩值　新衣版　修改　测距　剪接　贴边　褶子　衣版变换　缝份　牙口　符号　文字标示　布纹方向　图形变换　删最后　取消删最后　改公式　说明

4. 参数工具列（图 2-2-4）

参数工具列包含工作层、定位方式、放大、显现衣版、重画、游标、挽救最后旧档案、快捷键、设定电脑密码等功能。

① 工作层包含：放缩层和一般层，放缩层和衣版层都有 6 层。

② 定位方式包含：键入坐标、定位格点、定位解除、智能定位、定位参考点、定位端点、定位所有端点、定位交点、定位全交、定位版线圆、定位圆心、自动相依、相依两点、相依一点功能。

③ 放大包含：框选放大、定值放大、2 倍值放大、0.5 倍值放大、前画、后画、全见、复原功能。

④ 重画包含：显现线条、显现版型、显现缝份实版、显现牙口、显现符号、显现标示布纹、显现放缩、显现测度、显现文字、显现涂色、重画工作层、重画全部层、重画各尺码功能。

工作层	定位方式													放　　大								显现衣版										重画		游标	挽救最后旧档案	快捷键	设定电脑密码
放缩层 1-6 一般层 1-6	键入坐标	定位格点	定位解除	智能定位	定位参考点	定位所有端点	定位交点	定位全交	定位版线圆	定位圆心	自动相依	相依两点	相依一点	框选放大	定值放大	2倍值放大	0.5倍值放大	前画	后画	全见	复原	显现线条	显现版型	显现缝份实版	显现牙口	显现符号	显现标示布纹	显现放缩	显现测度	显现文字	显现涂色	重画工作层	重画全部层 重画各尺码				

图 2-2-4

5. 讯息工具列（图 2-2-5）

讯息工具列包含查看步骤、信息、use、增值、格值、笔色线类型、讯息一、讯息二等功能。

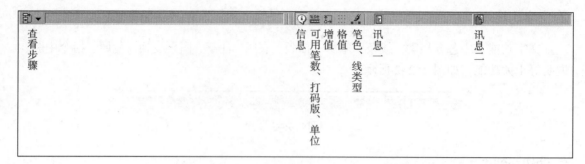

图 2-2-5

6. 输入工具列

输入工具列包含：输入位置、常用快速键、尺寸名称表、词库、放缩值表、计算器、新增图形窗体、重新开始绘图、移除指令窗体、指令中断、工作区的坐标位置、放大倍数状态（图2-2-6）。

输入位置		常用快捷键	尺寸名称表	词库	放缩表	计算器	新增图形窗体	重新开始绘图	移除指令窗体	指令中断	工作区的坐标位置	放大倍数状态
		Y N 0 1 2 3									-15.809, 11.41	1

图 2-2-6

7. 绘图画面

绘图画面指画面中白色部分。供使用者绘制、修改衣版图形。

二、编辑打版系统

在打版画面上，点击文字功能表上的"档案"，在下拉菜单中选择"画面"；或者将光标放在"按钮功能表"、"参数工具列"、"讯息工具列"和"输入工具列"上，右击鼠标，都会跳出图2-2-7所示的"编辑画面"的对话框，可以调整画面各部分的位置、大小等。

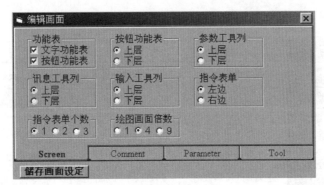

图 2-2-7

1. Screen（屏幕）

（1）点击复选框 ▢ ，选择显示或隐藏相应的功能表。打钩则显示，不打钩则隐藏。

（2）点击单选框 ◉ ，选择相应功能表的位置、指令的个数，或者绘图画面的放大倍数。

2. Comment（注释）、Parameter（参数）和 Tool（工具）

分别可以设定"功能按钮"、"参数工具"、"讯息"与"输入工具"的图标是否显示在工作画面上。

系统默认显示所有图标，鼠标单击图标一次，图标就从页面上方"Enabled（启用）"一栏跳到下方"Disabled"（禁用）一栏，即从显示变为隐藏。再次点击图标，又可以回到"Enabled"（启用）重新显示图标。设置完毕，需要点击储存画面设定。

第三节　度卡 CAD 打版工具

一、尺寸表

1. 建立尺寸表（图 2-3-1）

点击按钮功能表下的 ⊞ 进入图 2-3-1 的尺寸表对话框。

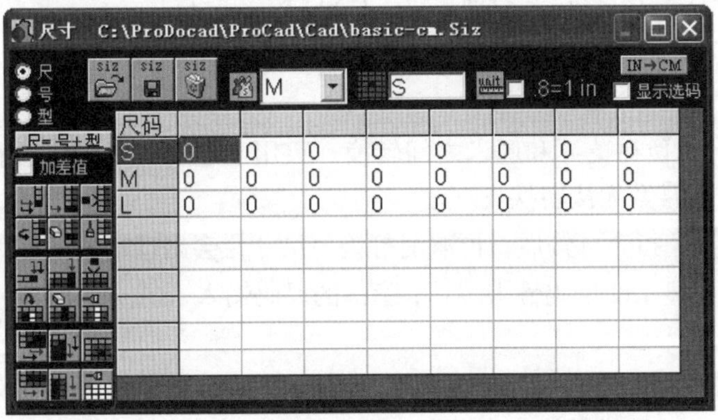

图 2-3-1

2. 尺寸表指令功能（图 2-3-2）

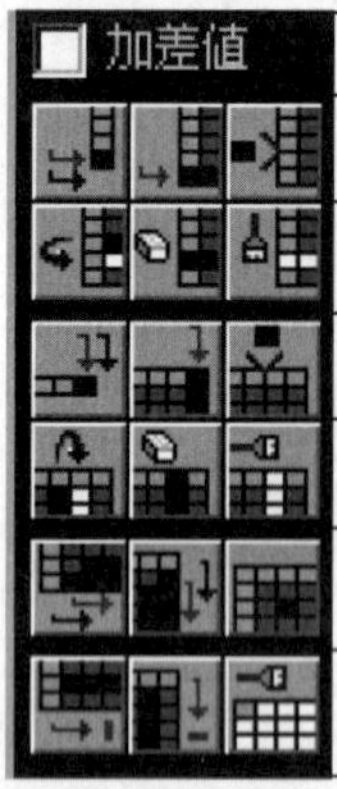

☐ 加差值	加差值打钩，输入两个尺寸，其他尺码自动计算		
	连续增加尺码	增加尺码	插入尺码
	复制尺码	修改尺码	删除尺码
	连续增加尺寸	增加尺寸	插入尺寸数值
	复制尺寸	修改尺寸	删除尺寸
	连续修改尺码数值 （会跳下一尺码）	修改尺寸名称数值 （会跳下一尺寸）	修改单一数值
	修改尺码数值 （不会跳下尺码）	修改尺寸数值 （不会跳下一尺寸）	删除全部

图 2-3-2

> **注意**：单位选择 ▢ cm （单位：厘米）
> 若打版尺寸单位为英寸时，到设定录取英寸的设定档：Inch.set。
> 在尺寸表中：
> ☑ 0.8=1 in，则电脑进位方式逢 8 进 1 寸，尺寸 1/2 in 为 0.4 in；
> ☐ 0.8=1 in，则电脑进位方式逢 10 进 1 寸，尺寸 1/2 in 为 0.5 in；
> 尺寸输入时，小数点以下第二位为 10 分进位。

（1）▦（删除原有资料）：尺寸表数据归零（除尺码以外）。

（2）▦（删除尺码）：选取尺码自动删除。

（3）▦（修改尺码）：选取旧尺码，再输入新尺码名称。

（4）▦（连续增加尺码）：可连续输入新尺码名称。

（5）▦（连续增加尺寸名称和数值）：可点取 ▦ "词库" 找所需尺寸名称。例如：腰围，再输入尺寸数值(可重复使用该功能输入打版所需的全部尺寸资料)。

（6）☑加差值：若尺码多且尺寸等量增加时，打勾后输入 2 段码尺寸，其他尺码自动计算相差值（要有三个以上尺码才有用），若尺寸值打错时，可直接点取尺寸，重新输入即可，也可用方向键调整修改。

（7）▦（储存尺寸表）：输入名称，按 "ENTER" 即可。

3. 其他功能

（1）IN→CM / CM→IN：单位在英寸和厘米之间转换。只用于建立尺寸表，已有图形文件时不可以使用，因为公式内常数无法转换。

（2）☐ 显示选码：指令打钩后，再取消打钩，尺寸栏会出现尺寸名称为 "*" 的新尺寸；在这个新尺寸中，要显示的尺码输入 "1"，隐藏的尺码输入 "0"；再打钩后，尺寸表中只显示 "*" 的尺寸值 = 1 的尺码。

隐藏的尺寸在放缩时不会显示在屏幕上，也不会随衣版档被送到马克系统里面。特别适用于尺码数很多，但只用到其中一部分的情况。

（3）$\boxed{尺=号+型}$：完成号和型的尺码设定后，点击该指令，号与型的尺寸名称会加在尺码里面一起配对，如图 2-3-3 所示。

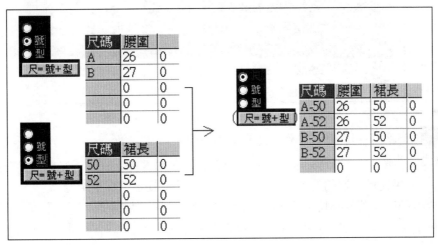

图 2-3-3

二、工作层和定位

1. 工作层

打版工作屏幕分成很多层，不同图形可以放在不同层上。用户可以点击 ▣，选择"工作层"。工作层分为放缩层和一般层两种。放缩层图形会记录打版的过程，可以自动放缩及删最后步骤或回复前一步骤；一般层只能做图不能放缩。服装打版的资料必须选定放缩层保存。

2. 定位方式

锁定一个点在坐标中的位置，就叫定位；定位时所用的方法，就是定位方式。定位方式关系着版型尺寸的正确与否，所以选择正确的定位方式是很重要的。定位方式共有 13 种，介绍如下：

（1）▦（键入坐标）：通过输入坐标确定点的位置，在版型做复制或平移时可以使用。

例如："衣版"→"变换"→$\boxed{选衣版}$后片→$\boxed{复制}$→ 选定位方式"键入坐标"，（输入旧位置"0,0"；输入新位置"30,0"）。

复制版会出现在原版往右水平 30in 处，如图 2-3-4 所示。

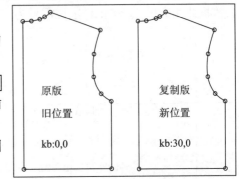

图 2-3-4

（2）▦（格点）：做图时，光标只要在格点附近点取，就会自动吸附到格点上。在使用定位方式为格点时，会出现对话框，输入格点的设定值，完成后工作区会出现方格点，其中点与点之间的距离与设定值相同。

例如：输入"10,10"在工作区则会出现此数值的方格点，如图 2-3-5 所示。

图 2-3-5

（3）（解除）：可任意在工作区定点而不受限制。

（4）（参考点）：用光标取点，定位点会自动吸附并固定在靠近光标的参考点上（桃红色十字）。如果光标点取的位置离参考点太远，系统会提示"无法定位"。

打版或做图时，若看到桃红色十字坐标，且设定的做图尺寸需以此桃红色十字坐标为依据点时，定位需设为参考点。

（5）（端点）：用光标取点，定位点会自动吸附并固定在靠近光标的端点上，如图 2-3-6 所示。

> **注意：**衣版完成后在线段与线段相接处会有圆形控制点，称为端点。
>
> 新衣版 → "☑ 显示端点"，会显示出端点位置。
>
> 端点分转角点与曲点，可用修改 → 转换端点 来转换转角点或曲点。

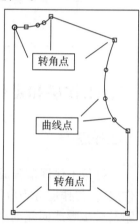

（6）（所有端点）：可定位于衣版、缝份、牙口、符号等各种曲线的端点，要找到这些位置可在新衣版里勾选"☑ 显所有端点"。例如检测牙口位置的长度，须定位"所有端点"。

图 2-3-6

（7）（交点）：在参考线与参考线、参考圆与参考圆、参考线与参考圆相交的点称为交点。如需依据此交点来制图，定位需设为"交点"，并在交点附近用光标点取，如图 2-3-7 所示。

（8）（全交）：基版与参考线、基版与基版或基版与参考圆相交的点称为全交。如果需依据此相交的点来制图，定位需设为"全交"，并在全交附近用光标点取，如图 2-3-8 所示。

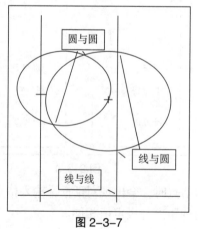

图 2-3-7

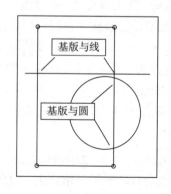

图 2-3-8

（9）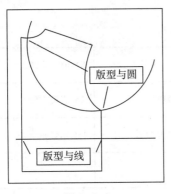（版线圆）：衣版与参考线或衣版与参考圆相交的点称为版线圆。如果需依据此相交的点来制图，定位需设为"版线圆"，并在版线圆附近用光标点取，如图 2-3-9 所示。

版型与圆

版型与线

图 2-3-9

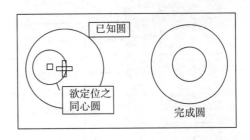

已知圆

欲定位之同心圆

完成圆

图 2-3-10

（10）（圆心）：已知有一参考圆，需依据此参考圆的圆心来制图，定位须设为"圆心"，例如在参考圆中做一同心圆，将小圆放在大圆在线，定位圆心，小圆圆心自动吸附并固定在大圆圆心位置，如图 2-3-10 所示。

（11）（自动相依）：

① 需配合其他定位方式来使用（所选到的定位会变下陷）；

② 计算机自动寻找与所选版型距离最相近两个控制点，做相似形放缩（同一衣版）；

③ 配合的定位方式失效。

（12）（相依两点）：

① 需配合其他定位方式来使用（所选到的定位会变下陷）；

② 依据所选版型的两个控制点，做相似形放缩(可选不同衣版)；

③ 配合的定位方式失效。

（13）（相依一点）：

① 需配合其他定位方式来使用（所选到的定位会变下陷）；

② 依据所选版型的一个控制点距离来做放缩(可选不同衣版)；

③ 配合的定位方式失效。

三、线条

1. 参考点（图 2-3-11）

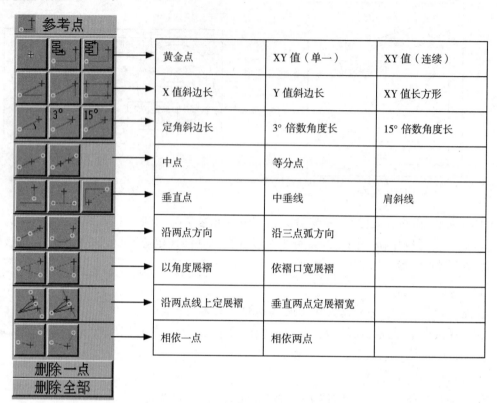

黄金点	XY 值（单一）	XY 值（连续）
X 值斜边长	Y 值斜边长	XY 值长方形
定角斜边长	3° 倍数角度长	15° 倍数角度长
中点	等分点	
垂直点	中垂线	肩斜线
沿两点方向	沿三点弧方向	
以角度展褶	依褶口宽展褶	
沿两点线上定展褶	垂直两点定展褶宽	
相依一点	相依两点	

图 2-3-11

2. 参考线 / 参考圆（图 2-3-12）

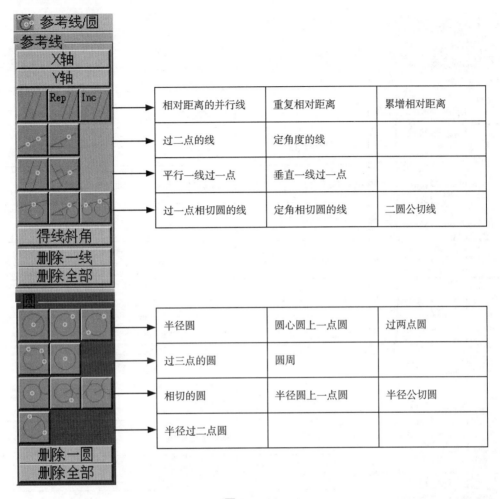

相对距离的并行线	重复相对距离	累增相对距离
过二点的线	定角度的线	
平行一线过一点	垂直一线过一点	
过一点相切圆的线	定角相切圆的线	二圆公切线

半径圆	圆心圆上一点圆	过两点圆
过三点的圆	圆周	
相切的圆	半径圆上一点圆	半径公切圆
半径过二点圆		

图 2-3-12

3. 简易打版（图 2-3-13）

单线段	水平或垂直线段	长方形
平行复制单线段	沿线定位	画至线或线段
单线段（定长度）	水平或垂直线段（定长度）	长方形（定长度）
先 X 后 Y 半边方形	先 Y 后 X 半边方形	定角边长的线段
平行复制单线段（定长度）	沿线定位（定长度）	画至线或线段（定长度）
画在线或线段（定长度）	插入分段点	对称
删一参考线段	删全部参考线段	

二点内插曲线	插入曲点	删除曲点
修改参考曲线	摇摆参考曲线	
删一参考曲线	删全部参考曲线	

定控制点	定转角点	完成衣版
消除	删一衣版	

图 2-3-13

说明：①参考线段：定位方式亦为参考点，所以也可配合参考点的工具完成版型。
　　　②参考曲线：插入曲点修改，选线后在所需曲线的位置连续加点即可。
　　　③新衣版：直接选取所需点连线，计算机自动判断曲点和转角点。

注意：完成新衣版后，参考曲线若保留，在衣版—修改功能做移点后，在放缩功能中亦可测量与原参考曲线修改后的差量。

四、衣版

1. 新衣版、描部分线（图 2-3-14）

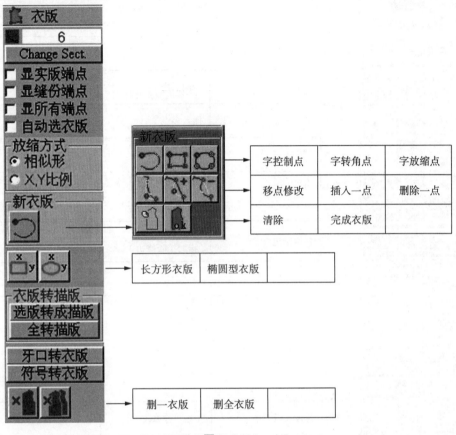

图 2-3-14

2. 修改（图 2-3-15）

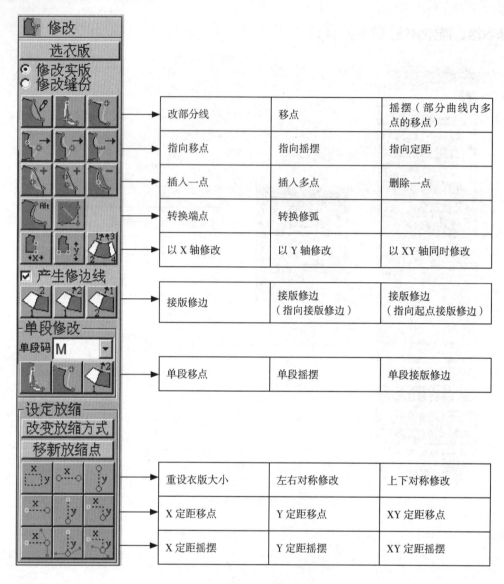

改部分线	移点	摇摆（部分曲线内多点的移点）
指向移点	指向摇摆	指向定距
插入一点	插入多点	删除一点
转换端点	转换修弧	
以 X 轴修改	以 Y 轴修改	以 XY 轴同时修改

接版修边	接版修边（指向接版修边）	接版修边（指向起点接版修边）

单段移点	单段摇摆	单段接版修边

重设衣版大小	左右对称修改	上下对称修改
X 定距移点	Y 定距移点	XY 定距移点
X 定距摇摆	Y 定距摇摆	XY 定距摇摆

图 2-3-15

"修改"指令的部分功能介绍实例：

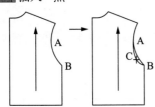 插入一点

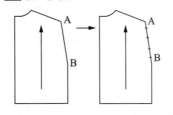 插入多点

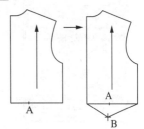 移点

方法：
"修改"→选"衣版"
　　　→"插入一点"
　　　→选"<A>"；"<B>"
　　　→插入点"<C>"

注意：
　若目测修顺，则定位解除
　若有固定位置，则须定位

方法：
"修改"→"选衣版"
　　　→"插入多点"
　　　→选"<A>"；"<B>"
　　　输入插入点数：（例如：3）

方法：
"修改"→"选衣版"
　　　→"移点"：选取"<A>"
　　　　　　移至"<B>"

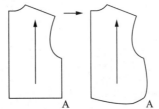 删除一点

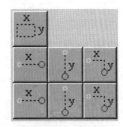 转换端点

移新放缩点：

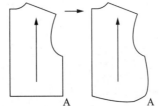

方法：
"修改"→"选衣版"
　　　→"删除一点"
　　　→选"<A>"

注意：删除后版型会重新画出
修改后的曲线

方法：
"修改"→"选衣版"
　　　→"转换端点"
　　　→选"<A>"

注意：此功能可做直线与曲线的
转换

注意：版型修改时,上述指令可直
接设定长度做点的修正或部分曲
线的修正。

3. 测距、剪接（图2-3-16）

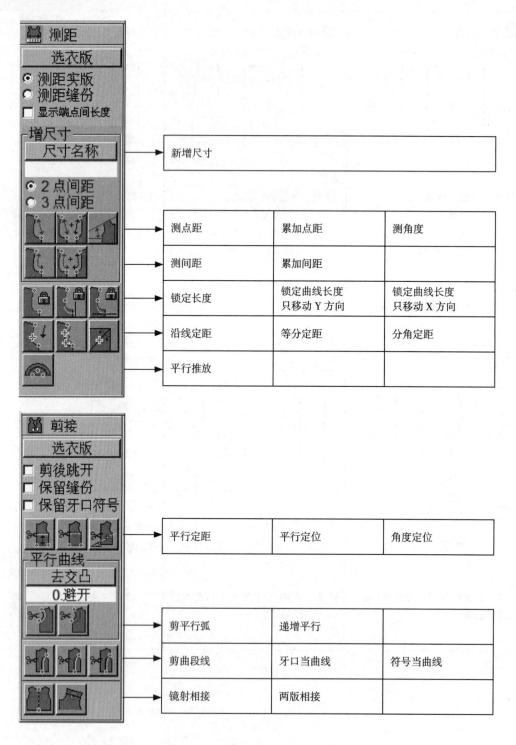

测点距	累加点距	测角度
测间距	累加间距	
锁定长度	锁定曲线长度 只移动 Y 方向	锁定曲线长度 只移动 X 方向
沿线定距	等分定距	分角定距
平行推放		

新增尺寸

平行定距	平行定位	角度定位
剪平行弧	递增平行	
剪曲段线	牙口当曲线	符号当曲线
镜射相接	两版相接	

图 2-3-16

"剪接"指令的部分功能介绍实例：

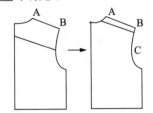

平行定距

方法：
"剪接"→"选衣版"
　　→"平行定距"：点"<A>"；
　　"<B>"
　　→"选相对点"：点"<A>"
　　（定位：参考点；端点）
　　输入距离（例如：2.5cm）
注意：剪开位置尽可能不靠近端点。

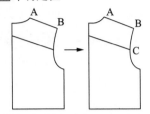

平行定位

方法：
"剪接"→"选衣版"
　　→"平行定位"：点"<A>"；
　　"<B>"
　　（定位：参考点；端点）
　　→"定位一点"为切开位置
　　点"<C>"（定位：参考点）
注意：切开位置会依所定位之端
点或参考点位置放缩。

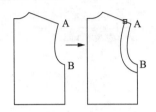

剪平行弧

方法：
"剪接"→"选衣版"
　　→"剪平行弧"
　　→选"<A>"；"<B>"
　　输入距离（例如：3cm）

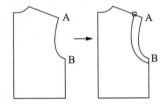

递增平行

方法：
"剪接"→"选衣版"
　　→"递增平行"
　　→选"<A>"；"<B>"
　　输入距A点之距离（例如 3.5cm）
　　输入距B点之距离（例如 1.5cm）

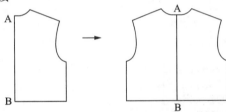

镜射相接

方法：
"剪接"→"镜射相接"
　　→选"<A>"；"<B>"

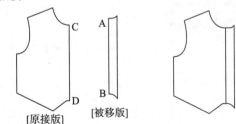

两版相接

[原接版]　[被移版]

方法：
"剪接"→"两版相接"
　　→选被移版
　　→选"<A>"；"<B>"
　　→选"原接版"
　　→选"<C>"；"<D>"
注意：两版相接的两端必须等长，相接后相接边圆顺，遇到有不等
长、相接边不圆顺时，相接前到褶子作接版修边，电脑自动修等长，
再相接

4. 贴边（图 2-3-17）

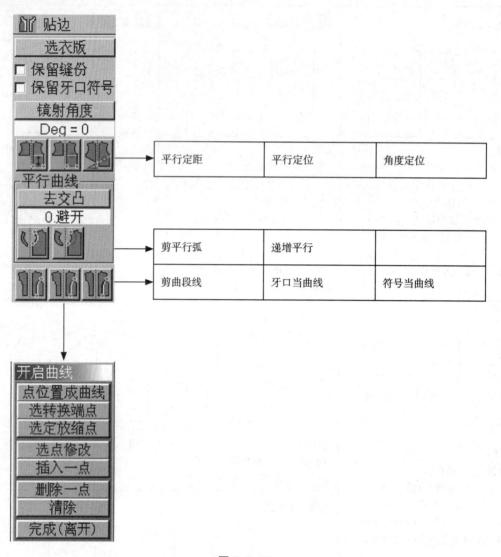

平行定距	平行定位	角度定位

剪平行弧	递增平行	
剪曲段线	牙口当曲线	符号当曲线

图 2-3-17

"贴边"指令的部分功能介绍实例：
　　镜射角度：0.输入角度，1.选参考线，2.定位一点。

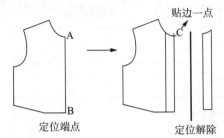
　　平行定距

方法：
"贴边"→"选衣版"
　　→"平行定距"
　　→点"<A>"；"<B>"
　　→"选相对点"：点"<A>"（定位：参考点；端点）
　　　输入距离（例如：4cm）
　　→选贴边上的一点："<C>"
　　→"定位解除"
　　→"定位一点"（作为镜射中心线）

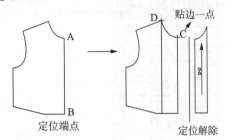
　　平行定位

方法：
"贴边"→"选衣版"
　　→"平行定位"（定位端点）
　　→点"<A>"；"<B>"
　　→定位一点："<D>"
　　→选贴边上的一点："<C>"
　　→"定位解除"
　　→"定位一点"（作为镜射中心线）

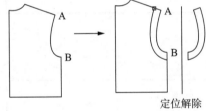
　　剪平行弧

方法：
"贴边"→"选衣版"
　　→"剪平行弧"
　　→选"<A>"；"<B>"
　　→输入相对距离（例：3cm）
　　→选贴边上的一点："<A>"
　　→"定位解除"
　　→"定位一点"（作为镜射中心线）

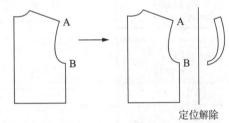
　　递增平行

方法：
"贴边"→"选衣版"
　　→"递增平行"
　　→选"<A>"；"<B>"
　　→输入距A点距离（例：3.5cm）
　　→输入距B点距离（例：1.5cm）
　　→选贴边上的一点："<A>"
　　→"定位解除"
　　→"定位一点"（作为镜射中心线）

5. 褶子、变换（图 2-3-18）

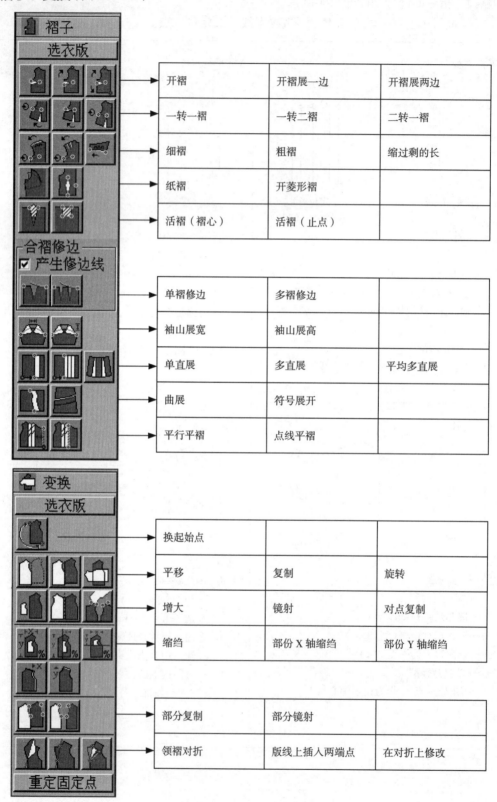

开褶	开褶展一边	开褶展两边
一转一褶	一转二褶	二转一褶
细褶	粗褶	缩过剩的长
纸褶	开菱形褶	
活褶（褶心）	活褶（止点）	

单褶修边	多褶修边	
袖山展宽	袖山展高	
单直展	多直展	平均多直展
曲展	符号展开	
平行平褶	点线平褶	

换起始点		
平移	复制	旋转
增大	镜射	对点复制
缩绉	部份 X 轴缩绉	部份 Y 轴缩绉

部分复制	部分镜射	
领褶对折	版线上插入两端点	在对折上修改

图 2-3-18

6. 缝份（图 2-3-19）

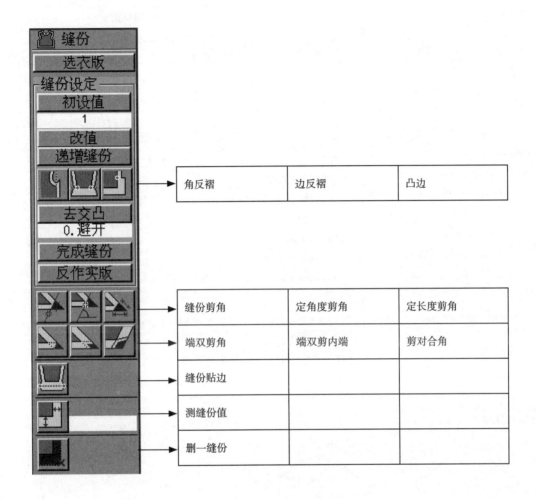

角反褶	边反褶	凸边

缝份剪角	定角度剪角	定长度剪角
端双剪角	端双剪内端	剪对合角
缝份贴边		
测缝份值		
删一缝份		

图 2-3-19

"缝份"指令的部分功能介绍实例：

初设值	改值	角反褶
	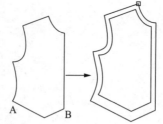	

初设值

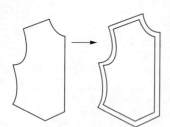

方法：
"缝份"→"选衣版"
　　　→输入初设缝份值（例如：
　　　　1cm）
　　　→完成缝份
　　　→是否满意（Y/N）

改值

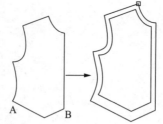

方法：
"缝份"→"选衣版"
　　　→输入初设缝份值（如：
　　　　1cm）
　　　→改值
　　　→选"<A>"；"<B>"
　　　→输入改值缝份值（例如：
　　　　3cm）
　　　→完成缝份
　　　→是否满意（Y/N）
注意：不更改的部分，皆依初值设
定。

角反褶

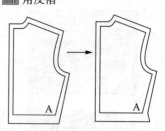

方法：
"缝份"→"选衣版"
　　　→"角反褶"
　　　→选"<A>"
　　　→缝份褶向："0"（褶前）；
　　　　"1"（褶后）
　　　→完成缝份
　　　→是否满意（Y/N）
注意：褶向依起始点的方向来辩
识。

边反褶

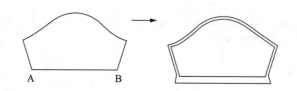

方法：
"缝份"→"选衣版"
　　　→"边反褶"
　　　→选"<A>"；"<B>"；"0"（对褶）；"1"（直角）
　　　→完成缝份
　　　→是否满意（Y/N）

注意：使用部位：袖口、裤口、下摆

凸边

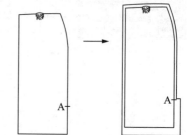

方法：
"缝份"→"选衣版"
　　　→"凸边"
　　　→选"<A>"；"0"（褶前）；"1"（褶后）
　　　→完成缝份
　　　→是否满意（Y/N）
注意：（A点须为端点，不可为参考点）使
用部位：开衩位置、拉链开口

7. 牙口（图 2-3-20）

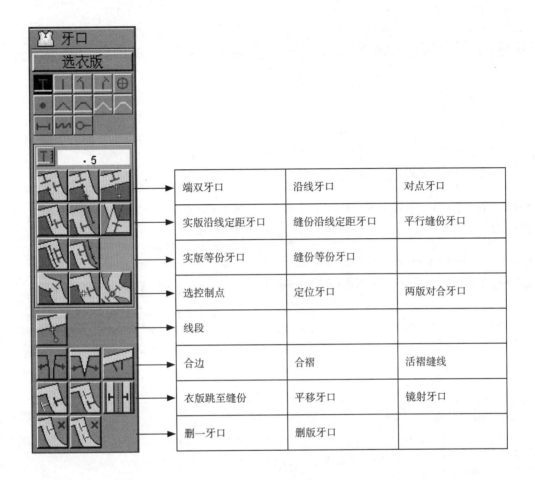

端双牙口	沿线牙口	对点牙口
实版沿线定距牙口	缝份沿线定距牙口	平行缝份牙口
实版等份牙口	缝份等份牙口	
选控制点	定位牙口	两版对合牙口
线段		
合边	合褶	活褶缝线
衣版跳至缝份	平移牙口	镜射牙口
删一牙口	删版牙口	

图 2-3-20

"牙口"指令的部分功能介绍实例：

端双牙口	沿线牙口	对点牙口
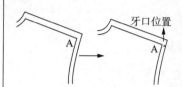	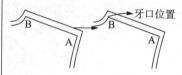	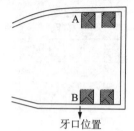
方法： "牙口"→"选衣版" 　→选"<A>"转角点 注意：在衣版的转角点做出两个牙口记号。	方法： "牙口"→"选衣版" 　→选"<A>"；"<B>" 注意：沿衣版上二控制点，做出沿线牙口记号，B点为牙口位置	方法： "牙口"→"选衣版" 　→定位"<A>"；"<B>" 注意：B点为牙口位置
平行缝份牙口	实版沿线定距牙口	缝份沿线定距牙口
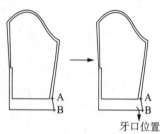	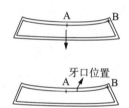	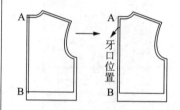
方法： "牙口"→"选衣版" 　→定位"<A>"；"<B>" 　输入沿边缝份距离（例如：2cm）	方法： "牙口"→"选衣版" 　→选取"<A>"；"<B>" 　输入与第一选点相对距离（例如：BN） 注意：沿实版方向，依所定距离做出沿线长度之牙口记号	方法： "牙口"→"选衣版" 　→选取"<A>"；"<B>" 　输入与第一选点相对距离（例如：6cm） 注意：沿缝份方向，依所定距离做出沿线长度之牙口记号

注意： 线段牙口须由内部切开止点往缝份之方向点出记号。使用部位：半门襟切开线、袖开衩牙口。

8. 符号、版型标示、布纹和转换工具说明 (图 2-3-21)

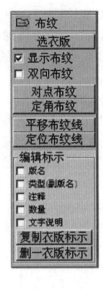
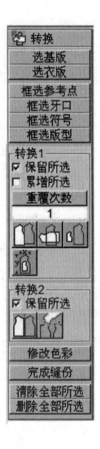

图 2-3-21

五、复原

1. 删最后

（1）点击 ⟳ 删除最后一步操作；

（2）点击 ↺ 补回刚刚删除的最后一个步骤。

2. 删后段

点击 ▦，弹出"显示所有指令"对话框，如图 2-3-22 所示，找出前面保留部分（点击要删除部分的第一步），再点"删后段"即可。

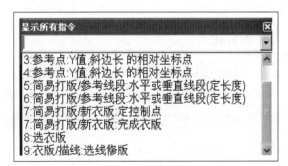

图 2-3-22

3. 删中间段

用"删中间段"功能可以删除打版中间的步骤，保留前后的有用步骤，具体方法如下：

（1）将"☑ 储存"打钩，把要补回的后段有用步骤删除；

（2）"储存"不打钩，删除中间不要的步骤；

（3）补回后段。

说明：只能删除不相关的动作，不要增减点数、线条、样片数，如图 2-3-23 所示。

本例中最后三步是 41、42、43，欲删中段 41，步骤如图 2-3-24 所示：

① ☑ 储存，删后段：先删除将来要重新补回的有用步骤 42、43。

② □ 储存，删后段：删去中间不要的步骤 41。

③ 补回后段。

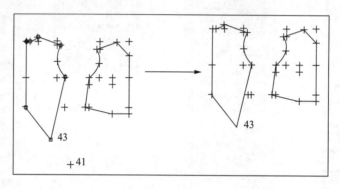

图 2-3-23

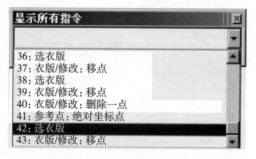

图 2-3-24

4. 改公式

点击 ![图标]，弹出"显示所有公式"的对话框，如图 2-3-25 所示，选中要修改的公式，点击使之反白，将光标移至键入区，删除、修改、添加内容对话框 ![图标] 4:胸围/6| 。

例：欲增加"+4.5"，则输入"+4 .5" ![图标] 4:胸围/6+4.5| 按"ENTER"确认，再点击"更新公式"。

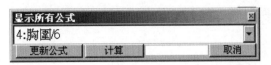

图 2-3-25

5. 查看指令和公式

定位参考点，光标在某个点上双击，会自动弹出"显示所有指令"和"显示所有公式"两个对话框，可以查看该点是哪一步所做，做该点时用了什么样的公式，如图 2-3-26 所示。

图 2-3-26

说明：操作过程中"显示所有指令"工具是弹出状时，继续操作的步骤也会自动登录在显示所有指令的过程里面，如图 2-3-27。

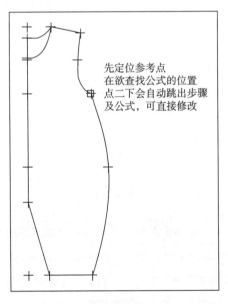

先定位参考点
在欲查找公式的位置
点二下会自动跳出步骤
及公式，可直接修改

图 2-3-27

六、放缩检测功能和查看过程

1. 放缩指令

点击 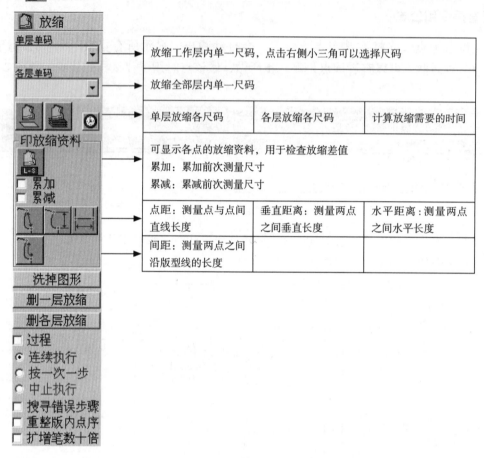（放缩），出现图 2-3-28 指令，可以放缩、检测错误和查看打版过程。

放缩工作层内单一尺码，点击右侧小三角可以选择尺码		
放缩全部层内单一尺码		
单层放缩各尺码	各层放缩各尺码	计算放缩需要的时间
可显示各点的放缩资料，用于检查放缩差值 累加：累加前次测量尺寸 累减：累减前次测量尺寸		
点距：测量点与点间直线长度	垂直距离：测量两点之间垂直长度	水平距离：测量两点之间水平长度
间距：测量两点之间沿版型线的长度		

图 2-3-28

注意：若测量的方向错误时，按右键 ⬛ 换起始点，并重新放缩各码。

（1）**洗掉图形**：删除所有显示在屏幕上的图形，但系统内部保留所有打版步骤。（对比"删一层放缩"和"删各层放缩"两个功能。这两个功能会将图形连同打版步骤一起删除。）点此按钮后，选择显示放缩版 ⬛，再利用 ⬛ ，可以任意选择你所需要的尺码，将其显示在屏幕上，且可以储存衣版，转到排马克（排料）系统；没有选的尺码不会在屏幕上显示，也不会被保存到排马克（排料）系统。

（2）**删一层放缩**：删除当前工作层内的衣版，包括所有步骤和图形。

（3）**删各层放缩**：删除全部工作层内的衣版，包括所有步骤和图形。

（4）**过程**："过程"打钩后，放缩或打开图形文件时会显示打版过程，并显示以下三个指令：

① 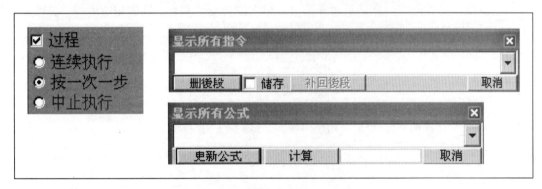 连续执行 ：选中后，查看过程时会连续显示打版过程；

② ○ 按一次一步：查看过程时，用鼠标点击，选中 ⊙ 按一次一步 查看过程；

③ ○ 中止执行 ：查看过程时，用鼠标点击，选中 ⊙ 中止执行 打版过程。

（5）□ 搜寻错误步骤：版子放缩出错时，将此功能打钩，并配合选中"过程"和"连续执行"，计算机自动检查，到错误位置会停下来，直接寻找放缩版的错误点。此功能是针对因某个操作指令而导致错误，此时，使用者只要往前几步做修改，很快可将错误问题解决。

（6）□ 重整版内点序：录取 AAMA 后，有些系统打版码与放缩版的点序不同。遇到客户样版要修改，如果出现打版码修改后，而推版码没跟着修改时，将此功能打钩，计算机内部会自动调整点序，重新计算。

（7）□ 扩增笔数十倍：计算机内部基本绘图笔数为 60000 笔。放缩时遇到资料笔数不足，计算机会提示资料不足，请先退出打版系统，然后重新进入后，将此功能打钩，再放缩即可。

2. 查看打版过程

（1）到放缩 📋 指令，选中"过程"和"按一次一步"，会出现两个窗口，如图 2-3-29 所示；"显示所有指令"和"显示所有公式"并在对话框 [单层单码] 中点取目前的打版码。

图 2-3-29

（2）光标点击 ○ 按一次一步 即可看到过程。

（3）☑ 过程 中取消打钩，点击 ⊙ 连续执行 ，退出看过程。

七、打版的辅助功能

1. 放大和缩小

（1） 🔍（框选）：框选缩放范围，框选方向从左往右是放大，从右往左为缩小。

（2） 🔍（定值）：自定义缩放倍数，再点取缩放中心位置（数值＞1 为放大，数值＜1 为缩小＝）。

（3） 🔍（2 倍值）：点取缩放中心位置，放大 2 倍。

（4） 🔍（0.5 倍值）：点取缩放中心位置，缩小 0.5 倍。

（5） 🔍 🔍（前画、后画）：点击左右图标，分别回到前、后的缩放画面；最多记录前、后 6 个缩放画面。

（6）（全见）：将所有衣版全部显示在屏幕范围内。

（7）（复原）：将画面还原为初始大小。

> **注意**：可以在画面图标 🔍 后面看到当前具体的放大倍数。

2. 现实衣版标示

版型绘图时，可根据需要显示或隐藏部分资料，从左向右的标示依次是线条、版型、缝份／实版、符号、版型标示、放缩版、侧度、文字和涂色，如图 2-3-30 所示。

图 2-3-30

各个图标，表示相应内容显示在屏幕上。单击图标变为灰色，隐藏相应内容。其中，"缝份／实版"图标可选下列四种显示方式，如图 2-3-31 所示。

图 2-3-31

3. 重画

（1）（重画工作层）：显示当前工作层上的图形，隐藏其他图层。

（2）（重画全部层）：显示工作区中所有图层上的图形。

（3）（重画各尺码）：放缩各码后，点击此图标，出现一个下拉菜单，可选择尺码个别显示，或选择打印尺码，会以不同颜色表标示尺码。

4. 游标

点击游标按钮，光标在屏幕上的形状会出现以下四种游标方式。

（1）（小游标）：出现红色小十字坐标。

（2）（长游标）：以光标为原点，显示 X、Y 两个坐标轴。

（3）（相对长度游标）：任意点选基准点后，显示光标与该点的相对位置。

（4）（标示游标）：依不同情况显示各式光标。

5. 笔色、线类型

点击 （笔色、线类型）右侧出现颜色线型的对话方块。从左向右依次是背景、线条、版型、侧度/缝份、文字/牙口、涂色/符号、线类型。点击图标或颜色块，出现颜色对话框和线条下拉菜单，可供自由选择，如图2-3-32。

图 2-3-32

> **注意：** 在打印时，可以使用显示、重画、笔色线型保留需要打印的资料，而隐藏不需要的资料。

6. 讯息工具

（1）查看当前所用工具的所有操作步骤。这些操作步骤会依次显示在右侧的方框中，以提示用户应当如何操作。

（2）查看操作步骤讯息，显示对话框。

（3）查看可用笔数、打版码、单位，见对话框。

（4）设定定位时的增值。点击右侧的对话框，出现增值对话框，如图2-3-33所示。若在方框中输入X累增值，Y累增值。例如：输入(0.1,0.1)，则结果如图2-3-34所示。光标定位在一个参考点，实际得到的点会在该参考点右上方的位置。

图 2-3-33

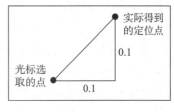

图 2-3-34

> **注意：** 增值只在定位时使用，并且不用于键入坐标和相依两点定位。

（5）查看格值，就是格点在X和Y方向上的距离（定位格点时就可以看到许多小格点），点击对话框可以修改格值。

输入工具列的坐标区对话框会自动显示动态光标所在位置的坐标。

7. 输入工具

快捷输入键从左起，依次如图2-3-35所示。

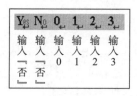

图 2-3-35

（1）（尺寸名称表）：点击图标出现下列窗口，如图 2-3-36 所示。当窗口列出了当前尺寸表中的所有尺寸，点击尺寸名称即可输入每段尺码相应长度。

图 2-3-36

（2）简易输入板：在部分需要输入长度或尺寸的地方，系统会自动弹出"简易输入板"，用户既可用右侧小键盘输入数字，也可点击下方尺寸表输入尺寸，如图 2-3-37 所示。

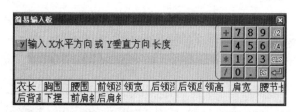

图 2-3-37

（3）（词库）：度卡 CAD 打版系统为不熟悉使用键盘打字的用户准备了专门的词库，其中有打版最常用到的汉字、符号和数字等，用户可在需要时调用。（使用方法请见使用和编辑词库。）

（4）（计算器）：系统自带的简易计算器，方便用户。

（5）（新增图形表）：点击图标，框选画面中的衣版并产生影像窗口，用户可在同一屏幕上对比不同档案的图形差异，如图 2-3-38 所示。

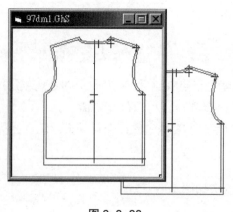

图 2-3-38

8. 事故挽救

尺寸表储存后，若中途停电或死机，所做的图档未及时储存，点击 ➕ 找回上次执行后保留的旧档。

9. 右键快捷键

在打版画面，右击鼠标，弹出快捷菜单，其中有常用的定位、放缩等功能，分别如图2-3-39所示。

定位解除	参考点	端点	交点	版线圆	自动相依
各层放缩	回复放缩	重画全部层	指令中断	选衣版	换起始点
框选放缩	放大2倍	缩小0.5倍	前画	后画	全见

图 2-3-39

八、词库、在线说明

1. 使用和编辑词库

度卡 CAD 打版系统为不熟悉或不方便使用键盘打字的用户准备了专门的词库，其中有打版最常用到的汉字、符号和数字等，用户可在需要时调用。

（1）打开词库：点击 🔳（词库），跳出词库窗口，用鼠标点击所需要的字即可输入，如图 2-3-40 所示。

图 2-3-40

（2）编辑词库：用户可以定制自己的词库，可以添加新字词或删除字词。首先用写字版打开"词库档案""C:\ProDocad\Promess\Setup\Usword.txt"。打开图 2-3-41，仿照图中样式添加字词，每一行为一个词，前后要加引号（" "）。

词库窗口只显示每一行的第一个字，例如："衣长"显示为"衣"。将光标放在这个字上，词库窗口上方的蓝色条中会显示整个词条。修改后，仍然保存为"Usword.txt"。

2. 在线说明

除了本手册之外，度卡系统还提供了系统集成的说明工具。通过使用在线说明，可以详细了解每一个功能、按钮、讯息的含义或操作方法。

（1）使用在线说明：点击 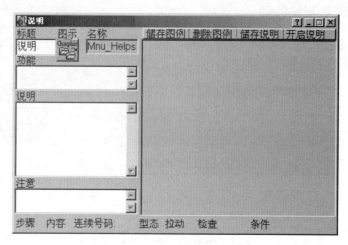，弹出"说明"窗口，如图 2-3-42 所示。在"说明"窗口打开的情况下，点击要了解的功能按钮，"说明"窗口就会显示有关该功能的各项说明。

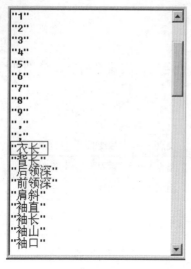

图 2-3-41

图 2-3-42

（2）编辑在线说明：度卡系统允许用户编辑适合自己的在线说明。说明窗口中的"标题""功能""说明""注意""步骤"等都可以修改。用户修改这些内容后点击"储存说明"即可。另外，编辑图例说明的图例也可以自己截取。

思考题：

1. 度卡服装 CAD 的绘图辅助线及辅助点有哪些？举例说明应用。

2. 当衣片的缝份不是一样大小时，该如何设置衣片的缝份？

3. 使用 CAD 绘图时，捕捉方式的设置非常关键，如何进行合理的设置？

4. 度卡服装 CAD 的放码方式有哪些？该怎样选择？

第三章　度卡 CAD 打版实例

服装 CAD 设计

学习目标：通过本章的学习，进一步熟练各种系统工具的使用，并能够进行简单的实际打版操作。

学时：18 学时。

第一节　版型建立的基本流程和说明

一、版型建立的基本流程（以上衣为例）

（1）建立尺寸表 。

（2）先画后片，再画前片，完成版型。

（3）修改后片、前片曲线 ：利用"插入一点" 、"移点" 等工具修改前衣片与后衣片衣领和袖子等部位的曲线弧度。

（4）版型完成后可测量曲线长度，再以此长度作为建立袖子、领子等新衣版的尺寸。以下版型测量常用的名称可供参考。后领围：BN；前领围：FN；后袖窿：BAH；前袖窿：FAH；不分前后袖窿：AH；前斜边：L1；后斜边：L2（依前、后斜差定出胸褶宽度）。

（5）建立袖子、领子、帽子的新衣版。完成后，利用放缩里面的"间距"、"☑ 累减"、"☑ 累加"等工具核对衣身、袖窿和袖山弧线的尺寸缝份等是否足够或等长。

（6）有里布的先复制版型再进行贴边、剪接，无里布的先进行贴边再剪接。

（7）放缝份：设初值，修改不同缝份，再处理缝合角度做边反褶、角反褶、凸边等。

（8）剪牙口：做对位标记剪口，注明布纹并添加版型标示。

（9）储存尺寸档和图形档。

二、打版流程的图文说明

1. 功能

"功能"（指令）主要分为主功能和次级功能。主功能是指工作界面上按钮菜单中的按钮；次级功能是点击主功能后，在相应的指令中的功能按钮（也叫做工作指令）。例如：点击 ，出现牙口的指令，其中有 （端双牙口）、（沿线牙口）、（对点牙口）等，都是次级功能。

记录打版步骤时，主功能都以"斜体加粗文字"表示，次级功能都以图标和不加粗文字表示（见本章第二节、第三节、第四节、第五节）。

2. 图形记录方法（表3-1-1）

表3-1-1

点	以标记加单书名号表示，如点〈0〉,〈1〉等
线	以标记加方括号表示，如线 [b2], [2] 等
线段	以线段首尾两个点加方括号，如线段 [a,b],[1,2] 等
圆	以标记加花括号表示，如圆 {a},{C1} 等
版型	以标记加竖线表示，如衣版 |A|, |M| 等；或者中文名称，如后片、前片等

3. 操作方式的记录（表3-1-2）

表3-1-2

记录	含义
水平向左（右）	锁定水平方向，向左（右）延伸
垂直向上（下）	锁定垂直方向，向上（下）延伸
沿线	沿某条线的方向
X=	输入 X 方向的相对值
Y=	输入 Y 方向的相对值
长度 =	输入的长度值
角度 =	输入的角度值
文字 =	输入的档名、尺寸名等文字
输入 =	输入的选项、间距、数量等其他内容

注意：单记一个点（如：点〈0〉），表示定位此点（实际动作是用光标点取该点）。

第二节 窄裙及其变化形式的打版实例

一、窄裙打版实例

1. 窄裙结构图（图3-2-1）

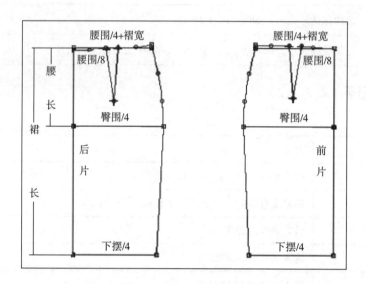

图3-2-1

2. 建立尺寸表（表3-2-1）

表3-2-1

尺寸档：窄裙 Siz			打版码：M					单位：cm
尺码	腰围	臀围	下摆	腰长	褶长	裙长	褶宽	拉链
S	62	86	80	19	12.5	48	3	17
M	66	90	84	19	12.5	50	3	17
L	70	94	88	20	12.5	52	3	17

3. 打版（表3-2-2）

表3-2-2

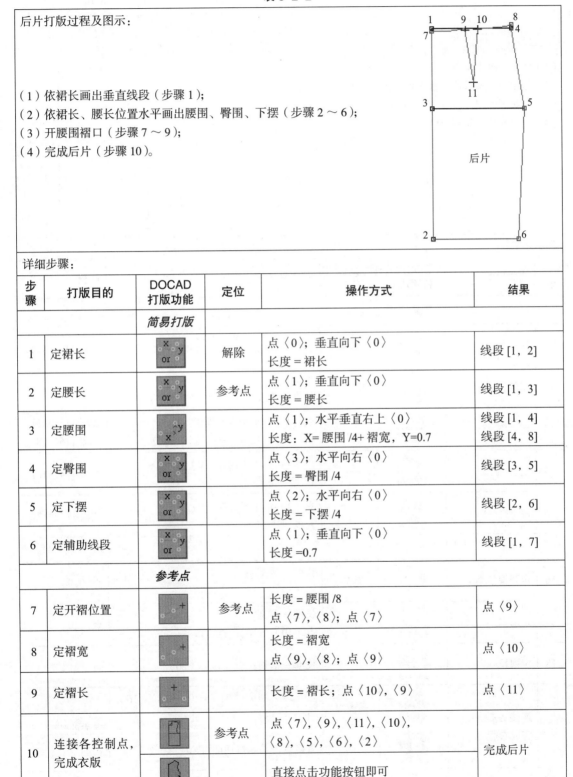

后片打版过程及图示：

（1）依裙长画出垂直线段（步骤1）；
（2）依裙长、腰长位置水平画出腰围、臀围、下摆（步骤2～6）；
（3）开腰围褶口（步骤7～9）；
（4）完成后片（步骤10）。

详细步骤：

步骤	打版目的	DOCAD 打版功能	定位	操作方式	结果
		简易打版			
1	定裙长		解除	点〈0〉；垂直向下〈0〉 长度＝裙长	线段[1, 2]
2	定腰长		参考点	点〈1〉；垂直向下〈0〉 长度＝腰长	线段[1, 3]
3	定腰围			点〈1〉；水平垂直右上〈0〉 长度：X＝腰围/4＋褶宽，Y=0.7	线段[1, 4] 线段[4, 8]
4	定臀围			点〈3〉；水平向右〈0〉 长度＝臀围/4	线段[3, 5]
5	定下摆			点〈2〉；水平向右〈0〉 长度＝下摆/4	线段[2, 6]
6	定辅助线段			点〈1〉；垂直向下〈0〉 长度=0.7	线段[1, 7]
		参考点			
7	定开褶位置		参考点	长度＝腰围/8 点〈7〉，〈8〉；点〈7〉	点〈9〉
8	定褶宽			长度＝褶宽 点〈9〉，〈8〉；点〈9〉	点〈10〉
9	定褶长			长度＝褶长；点〈10〉，〈9〉	点〈11〉
10	连接各控制点，完成衣版		参考点	点〈7〉，〈9〉，〈11〉，〈10〉，〈8〉，〈5〉，〈6〉，〈2〉	完成后片
				直接点击功能按钮即可	

前片打版过程及图示：

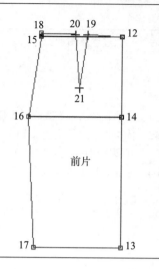

前片

（1）依裙长画出垂直线段（步骤 11）；
（2）依裙长、腰长位置水平画出腰围、臀围、下摆（步骤 12 ~ 15）；
（3）开腰围褶口（步骤 16 ~ 18）；
（4）完成前片（步骤 19）。

详细步骤：

步骤	打版目的	DOCAD 打版功能	定位	操作方式	结果
		简易打版			
11	定裙长		解除	点〈0〉；垂直向下〈0〉 长度 = 裙长	线段 [12, 13]
12	定腰长		参考点	点〈12〉；垂直向下〈0〉 长度 = 腰长	线段 [12, 14]
13	定腰围			点〈12〉；水平垂直左上〈0〉 长度：X= 腰围 /4+ 褶宽，Y=0.7	线段 [12, 15] 线段 [15, 18]
14	定臀围			点〈14〉；水平向左〈0〉 长度 = 臀围 /4	线段 [14, 16]
15	定下摆			点〈13〉；水平向左〈0〉 长度 = 下摆 /4	线段 [13, 17]
		参考点			
16	定开褶位置		参考点	长度 = 腰围 /8 点〈12〉，〈18〉；点〈12〉	点〈19〉
17	定褶宽			长度 = 褶宽； 点〈19〉，〈18〉；点〈19〉	点〈20〉
18	定褶长			长度 = 褶长；点〈19〉，〈20〉	点〈21〉
19	连接各控制点，完成衣版		参考点	点〈12〉，〈19〉，〈21〉，〈20〉，〈18〉，〈16〉， 〈17〉，〈13〉	完成前片
				直接点击功能按钮即可	

画腰带、修改前后片过程及图示：
（1）完成腰带（步骤20）；
（2）修改前、后片臀围弧度线及腰围线（步骤21～25）；
（3）前、后片省道封口（步骤26～29）。

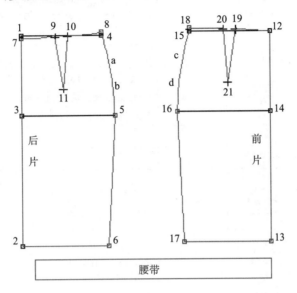

腰带

详细步骤：

步骤	打版目的	DOCAD 打版功能	定位	操作方式	结果
		新衣版			
20	画腰带		解除	点〈0〉；水平垂直右上〈0〉 X= 腰围 +3，Y=5	腰带完成
		修改			
21	修改后片臀围弧度线	选衣版	解除	后片	
				点〈8〉；点〈5〉；插入点〈a〉	点〈a〉
				点〈a〉；点〈5〉；插入点〈b〉	点〈b〉
22	修改前片臀围弧度线	选衣版	解除	前片	
				点〈18〉；点〈16〉；插入点〈c〉	点〈c〉
				点〈c〉；点〈16〉；插入点〈d〉	点〈d〉
		褶子			
23	修改前、后腰褶弧度线	☑产生修边线		打钩；电脑自动修曲线	

步骤	打版目的	DOCAD 打版功能	定位	操作方式	结果
24	精修后腰弧度线			选衣版	后片	
			解除	a.选〈7〉,〈8〉; 褶尖〈11〉;〈9〉 b.选点修改: 选控制点做移点 c.完成离开: 是否满意=Y	
25	精修前腰弧度线		选衣版	前片	
			解除	a.选〈12〉,〈18〉; 褶尖〈21〉;〈19〉 b.选点修改: 选控制点做移点 c.完成离开: 是否满意=Y	
	牙口				
26	确定后片活褶缝线		选衣版	后片	
			端点	点〈9〉,〈10〉; 点〈11〉; 方式=0(画至褶心)	
	褶子				
27	后片省封口		端点	点〈9〉,〈10〉; 点〈11〉; 方式=0(褶前)	出现蓝色符号
	牙口				
28	确定前片活褶缝线		选衣版	前片	
			端点	点〈19〉,〈20〉; 褶心点〈21〉; 方式=0(画至褶心)	
	褶子				
29	前片省封口			点〈19〉,〈20〉; 点〈21〉; 输入=0(褶前)	

衣版调整、标注文字说明的过程及图示:
(1) 放缝份(步骤30～37);
(2) 前后衣片加牙口
　　(步骤38～50);
(3) 调整衣纹
　　(步骤51～54);
(4) 标注文字说明
　　(步骤55～58);
(5) 保存衣版
　　(步骤59～61)。

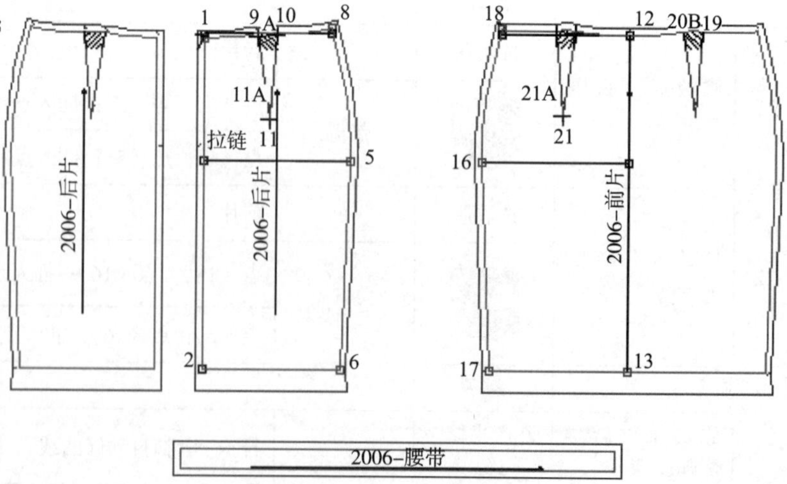

详细步骤:

步骤	打版目的	DOCAD 打版功能	定位	操作方式	结果
		缝份			
30	设缝份初值	初设值		长度 = 1	
31	修改不同缝份值	选衣版		后片	
		改 值		点〈8〉,〈6〉;输入 =1.5	
				点〈2〉,〈6〉;输入 =3	
				点〈7〉,〈2〉;输入 =2	
32	设定下摆角反褶			点〈6〉; 褶向 =1(褶后);方式 =0(对褶)	
33	完成后片缝份	完成缝份		直接点工作功能按钮 输入 =Y(满意)	
34	腰带缝份	完成缝份		直接点工作功能按钮 输入 =Y(满意)	
35	设定不同缝份	选衣版		前片;	
		改 值		点〈18〉;点〈17〉;输入 =1.5	
				点〈17〉;点〈13〉;输入 =3	
36	前片角反褶			点〈17〉;褶向 =1(褶后)/=2(褶前),根据连接各点形成衣版的顺序有关;输入 =0(对褶)	
37	完成前片缝份	完成缝份		直接点工作功能按钮 输入 =Y(满意)	
		牙口			
38	选牙口形状			直接点击按钮	
39	定牙口长度			输入 =0.5	
40	设定牙口位置	选衣版		后片	完成牙口位置设定
				点〈2〉,〈7〉	
				点〈5〉,〈8〉	
				点〈2〉,〈6〉	
				点〈9〉,〈10〉	
				点〈7〉,〈2〉;长度 = 拉链	
41	选牙口形状			直接点击按钮	

步骤	打版目的	DOCAD 打版功能	定位	操作方式	结果
42	设定褶尖位置			长度 =2 点〈11〉,〈A〉;点〈11〉	
				点〈11A〉	
43	选牙口形状			直接点击按钮	
44	设定牙口位置	选衣版		前片	
				点〈16〉,〈18〉	
				点〈13〉,〈17〉	
				点〈19〉,〈20〉	
45	选牙口形状			直接点击按钮	
46	设定褶尖位置			长度 =2 点〈21〉,〈B〉;点〈21〉	
				点〈21A〉	
	剪接				
47	保留牙口符号及衣片缝份	☑ 保留牙口符号		打钩	
		☑ 保留缝份		打钩 长度 =0	
48	前片展开	选衣版		前片	
				点〈12〉,〈13〉	
	牙口				
49	选牙口形状	选衣版		前片	
				直接点击按钮	
50	确定前片对称牙口			点〈12〉	
	布纹方向				
51	保留布纹方向	☑ 显示布纹		打钩	
52	改变布纹方向和长度	定角布纹		方式 =0 全部版;角度 =90 长度 =1.（2/3 长）	

步骤	打版目的	DOCAD 打版功能	定位	操作方式	结果
53	调整布纹位置	选衣版		后片	
		平移布纹线	解除	点布纹线；移到新位置 长度 =1.（2/3 长）	
54	更改腰带布纹	选衣版		腰带	
		定角布纹		方式 =1 选衣版；角度 = 0 长度 =1.（2/3 长）	
		文字标示			
55	显示尺码	☑ 显示尺码		打钩 自动在布纹线上标示打版尺码	
56	添加后片的文字标示	选衣版		后片	
		型号		输入款式代号：2006	
		版名		文字 = 后片	
		类型（副版名）		输入材质代号：A 例如：A 面布，B 里布	
		注释		可记录版型的注意事项	
		数量		输入 = –2（左右各 1 片） 输入 = 2 （同向 2 片）	
		字体参数		长度 =1；角度 =90	
		标示文字说明	自动相依	文字 = 拉链；〈0〉点于标示位置	
57	前片文字标示	选衣版		前片	注：过程同后片
		版名		文字 = 前片	
58	标识腰带	选衣版		腰带	注：过程同后片
		版名		文字 = 腰带	
59	存图形档	🖫		输入档名 = SKIRT	
60	放缩	🖳		计算机自动计算各尺码放缩版	
		图形档			
61	存排版图	马克衣版资料			

二、窄裙变化工具运用

1. 基本窄裙删后段

（1） ▣（开启图形档案）：打开前面保存的档案 SKIRT. GPH，版型如图 3-2-2 所示。

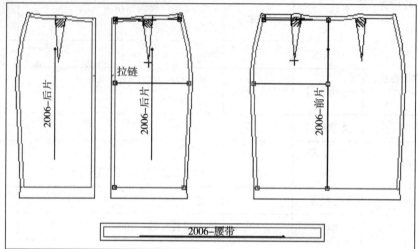

图 3-2-2

（2） ▣（删后段）：将后片的选衣版（第 21 步以后的步骤删除），如图 3-2-3 所示。

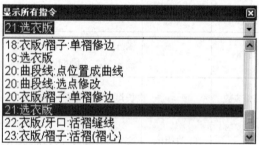

图 3-2-3

（3）删后段之后，得到右图所示的前、后片版型，如图 3-2-4 所示。

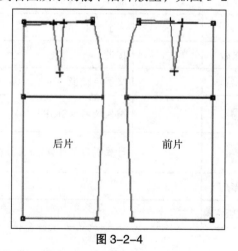

图 3-2-4

2. 腰褶转移至裙摆（表 3-2-3）

表 3-2-3

腰褶转移（后片）打版图示：

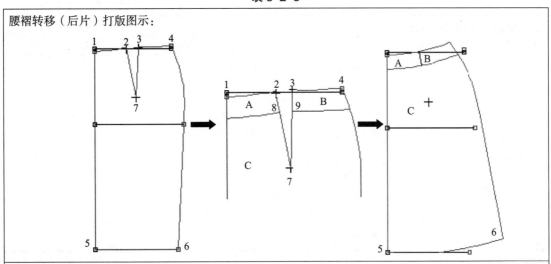

详细步骤：

步骤	打版目的	DOCAD 打版功能	定位	操作方式	结果
		剪接			
1	修剪平行弧线		端点	点〈1〉；点〈2〉；距离 =3.5 输入 =Y	|A|
2	修剪平行弧线		端点	点〈3〉；点〈4〉；距离 =3.5 输入 =Y	|B|
		修改			
3	修改腰围弧线	☑ 产生修边线		打钩	
			端点	衣版 |B|；点〈9〉；点〈3〉 衣版 |A|；点〈8〉；点〈2〉	
			解除	选点修改 完成（离开）；输入 =Y	
		剪接			
4	将 A、B 衣版 连接		端点	衣版 |B|；点〈9〉；点〈3〉 衣版 |A|；点〈8〉；点〈2〉	
		褶子			
5	转褶		端点	衣版 |C|；点〈5〉，〈6〉 输入 =6；点〈7〉，〈7〉；点〈8〉	
		修改			
6	修改底摆线		解除	选〈5〉；〈6〉；加入一点修顺曲线	

3. 窄裙变化（高腰）（表 3-2-4）

表 3-2-4

提高窄裙腰位（后片）打版图示：

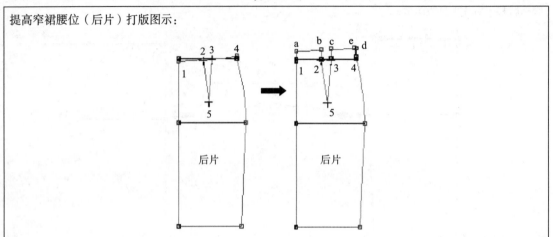

详细步骤：

步骤	打版目的	DOCAD 打版功能	定位	操作方式	结果
		参考点			
1	提高腰围线		端点	X=0；Y=3； 点〈1〉；〈2〉；〈3〉；〈4〉	点〈a〉；〈b〉；〈c〉； 〈d〉
			参考点	X=-0.5；Y=0；点〈d〉	点〈e〉
		修改			
2	连接各控制点，完成衣版		选衣版	后片	
			参考点	点位置成曲线；点〈1〉	
				按住 Alt 键：连续点〈a〉；〈b〉； 〈2〉；〈5〉；〈3〉；〈c〉；〈e〉；〈4〉	
				完成离开；点〈1〉；点〈4〉 输入 =Y（满意）	
		褶子			
3	修改腰围线		☑ 产生修边线	打钩	
			选衣版	后片	
			端点	点〈a〉；〈e〉；〈5〉；〈b〉	
			解除	选点修改；（插入一点） 完成（离开） 输入 =Y	

4. 窄裙变化（A字裙）（表3-2-5）

表3-2-5

窄裙变A字裙打版图示：

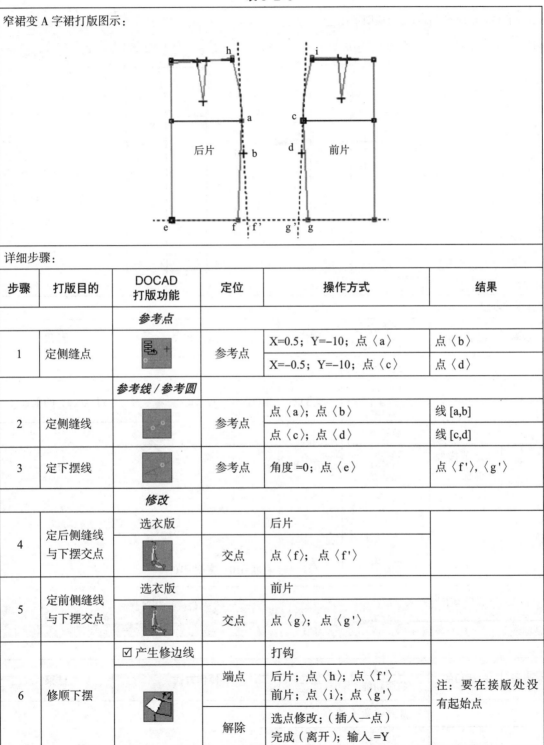

详细步骤：

步骤	打版目的	DOCAD 打版功能	定位	操作方式	结果
		参考点			
1	定侧缝点		参考点	X=0.5；Y=-10；点〈a〉	点〈b〉
				X=-0.5；Y=-10；点〈c〉	点〈d〉
		参考线/参考圆			
2	定侧缝线		参考点	点〈a〉；点〈b〉	线 [a,b]
				点〈c〉；点〈d〉	线 [c,d]
3	定下摆线		参考点	角度 =0；点〈e〉	点〈f'〉，〈g'〉
		修改			
4	定后侧缝线与下摆交点	选衣版		后片	
			交点	点〈f〉；点〈f'〉	
5	定前侧缝线与下摆交点	选衣版		前片	
			交点	点〈g〉；点〈g'〉	
6	修顺下摆	☑ 产生修边线		打钩	注：要在接版处没有起始点
			端点	后片；点〈h〉；点〈f'〉 前片；点〈i〉；点〈g'〉	
			解除	选点修改；（插入一点） 完成（离开）；输入 =Y	

5. A 字裙展开单向褶（表 3-2-6）

表 3-2-6

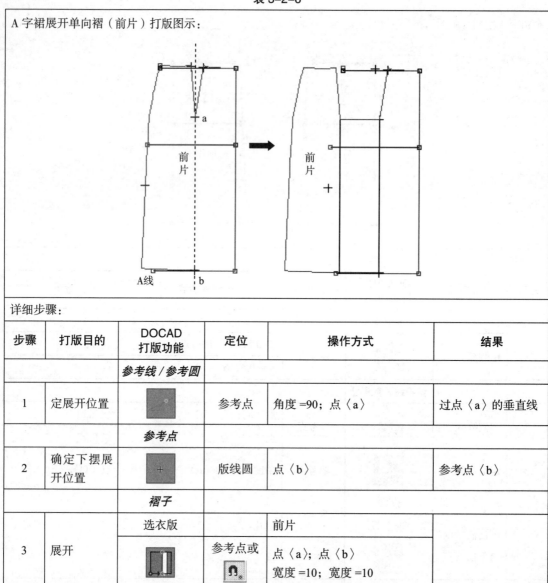

A 字裙展开单向褶（前片）打版图示：

详细步骤：

步骤	打版目的	DOCAD 打版功能	定位	操作方式	结果
		参考线 / 参考圆			
1	定展开位置		参考点	角度 =90；点〈a〉	过点〈a〉的垂直线
		参考点			
2	确定下摆展 开位置		版线圆	点〈b〉	参考点〈b〉
		褶子			
3	展开	选衣版	前片		
			参考点或	点〈a〉；点〈b〉 宽度 =10；宽度 =10	

注意：以上 1 ～ 2 步骤可以利用新工具 ⬚ 一步完成。

续上表

步骤	打版目的	DOCAD 打版功能	定位	操作方式	结果
		简易衣版			
1	定展开位置			〈a〉；〈选 A 线〉	〈b〉

6. A字裙变化（六片裙）（表3-2-7）

表 3-2-7

单位：

A字裙变六片裙（后片）打版图示：

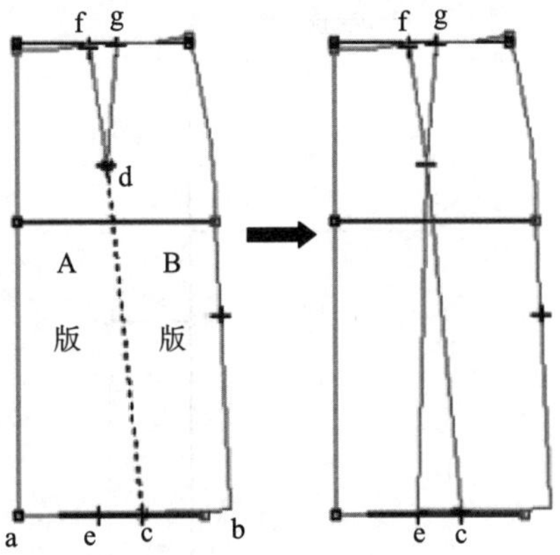

详细步骤：

步骤	打版目的	DOCAD 打版功能	定位	操作方式	结果
		测距			
1	定下摆切开位置	选衣版		后片	点〈c〉
			端点	点〈a〉, 〈b〉 长度 = 下摆 /6	
		剪接			
2	剪切衣片	选衣版		后片	[A版] [B版]
			参考点	点位置成曲线；点〈d〉；点〈c〉 完成（离开） 输入 =Y	
		修改			
3	定辅助点	选衣版		B版	点〈e〉
			端点	点〈c〉；点〈c〉；距离 = -5	
4	修顺下摆	☑ 产生修边线		打钩	
			端点	B版；点〈d〉；点〈e〉 A版；点〈d〉；点〈c〉	
			解除	选点修改；完成（离开）；输入 =Y	

7. A字裙变化（裙裤）（表3-2-8）

表 3-2-8

A字裙变裙裤打版（前片）打版图示：
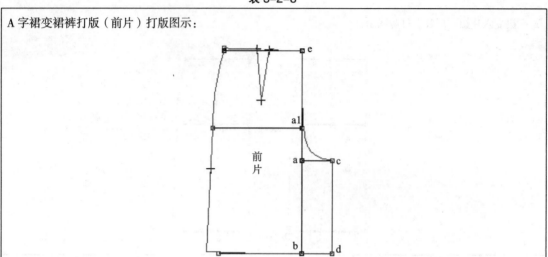

详细步骤：

步骤	打版目的	DOCAD 打版功能	定位	操作方式	结果
		参考点			
1	确定横裆位置		参考点	X=0；Y= –15；点〈e〉	点〈a〉
2	确定横裆尺寸		参考点	X= 臀围 /12；Y=0； 点〈a〉，〈b〉	点〈c〉，〈d〉
		修改			
3	勾画裙裤衣版		选衣版	前片	裙裤衣版完成
			参考点	点位置成曲线：点〈e〉 按住 Alt 键，连续点〈a1〉，〈c〉， 〈d〉，〈b〉	
			解除	插入一点（选点修改） 完成（离开）	
			参考点	点〈e〉，〈b〉；输入 =Y	
4	修改弧线		解除	点〈a1〉；点〈c〉；插入点修弧度	

第三节　夹克的打版实例

一、夹克结构图（图3-3-1）

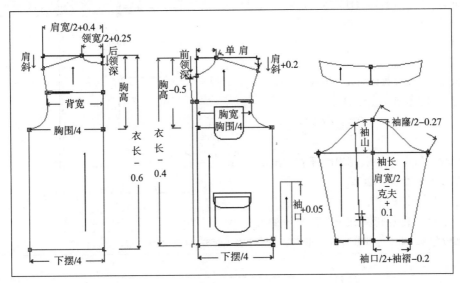

图 3-3-1

二、建立尺寸表（表3-3-1）

表 3-3-1

尺寸档：夹克.Siz						打版码：M					单位：英寸
尺码	胸围	腰围	下摆	肩宽	背宽	胸宽	胸高	腰长	领宽	前领深	后领深	领高
S	50	50	50	20.4	9.55	9.15	12.35	15	6.6	2.7	0.6	2.6
M	52	52	52	21	9.75	9.35	12.45	15	7	3	0.6	2.6
L	54	54	54	21.4	10.15	9.55	12.6	15	7.2	3.1	0.6	2.6

接上表

尺码	领尖	覆势	前幅	肩斜	衣长	门襟	衩高	袖窿	袖长	袖口	袖褶	克夫
S	2.4	5	7.3	2.05	32	0.6	6	22.4	32.4	10	1.4	2
M	2.4	5	7.4	2.05	32.4	0.6	6	23	33	10.4	1.4	2
L	2.4	5	7.5	2.05	33	0.6	6	23.4	33.4	11	1.4	2

接上表

尺码	袖衩	袖山	上袋位	上袋距	上袋长	上袋宽	袋盖高	袋盖宽	下袋距	下袋位	下袋宽	下袋长
S	3.4	5.5	3	8.4	5.4	5	2.4	6.2	9	3	6	6
M	3.4	5.6	3	8.4	5.4	5	2.4	6.2	9	3	6	6
L	3.4	5.7	3	8.4	5.4	5	2.4	6.2	9	3	6	6

三、打版（表 3-3-2）

表 3-3-2

前后片打版过程及图示：
（1）依衣长、后领深画出垂直线段（步骤 1～2）；
（2）依领宽、肩宽、背宽、胸围、下摆画出水
　　平线段（步骤 3～7）；
（3）完成后片（步骤 8）；
（4）修改后片领弧及袖隆曲线（步骤 9～10）；
（5）测后肩斜线长度（步骤 11）；
（6）依衣长、前领深画出垂直线段（步骤 12～
　　13）；
（7）依领宽、肩宽、背宽、胸围、下摆画出水
　　平线段（步骤 14～20）；
（8）完成前片（步骤 21）；
（9）修改前片领弧及袖隆弧线（步骤 22～23）；
（10）测出领围、袖隆等部分所需尺寸并存入尺寸表（步骤 24～25）。

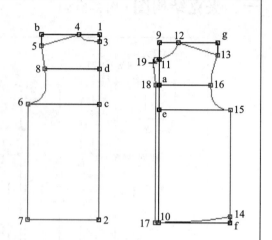

详细步骤：

步骤	打版目的	DOCAD打版功能	定位	操作方式	结果
		简易打版			
1	定衣长		解除	点〈0〉；垂直向下〈0〉；长度 = 衣长 -0.6	线段 [1,2]
2	定后领深		参考点	点〈1〉；垂直向下〈0〉；长度 = 后领深	线段 [1,3]
3	定领宽			点〈1〉；水平向左〈0〉；长度 = 领宽 /2+0.25	线段 [1,4]
4	定下摆			点〈2〉；水平向左〈0〉；长度 = 下摆 /4	线段 [2,7]
5	定肩宽和肩斜		参考点	点〈1〉；水平垂直向左下〈0〉 长度：X= 肩宽 /2+0.4，Y= 肩斜	线段 [1,b] [b,5]
6	定胸高和胸围			点〈1〉；垂直水平向左下〈0〉 长度：X= 胸围 /4，Y= 胸高	线段 [1,c] [c,6]
7	定背宽			点〈3〉；垂直水平向左下〈0〉 长度：X= 背宽，Y= 覆势	线段 [3,d] [d,8]
8	连接各控制点，完成衣版		参考点	点〈3〉,〈2〉,〈7〉,〈6〉,〈8〉,〈5〉,〈4〉	完成后片
				直接点击功能按钮	

步骤	打版目的	DOCAD 打版功能	定位	操作方式	结果
		修改			
9	修改后袖隆弧线		解除	点取〈6〉、〈8〉 在曲线中间插入一点，使线段成弧线 可以插入多个点以达到平滑的曲线	注：这三个功能可以交叉使用
				移动所插入的控制点，修顺曲线	
				直接点中不需要的控制点	
10	修改后领弧线	（同步骤9）	解除	（同步骤9修出后片领弧线）	
		测距			
11	测后肩斜线长度	尺寸名称	端点	点击尺寸名称按钮 输入＝单肩	
				选后片 点〈4〉、〈5〉	
		简易打版			
12	定衣长	x y or	解除	点〈0〉；垂直向下〈0〉；长度＝衣长 –0.4	线段[9,10]
13	定前领深	x y or	参考点	点〈9〉；垂直向下〈0〉；长度＝前领深	线段[9,11]
14	定领宽			点〈9〉；水平向右〈0〉；长度＝领宽/2–0.05	线段[9,12]
		参考点			
15	定肩宽和肩斜	+	参考点	Y=–（肩斜 +0.2），两点长＝单肩；点〈12〉	点〈13〉
		简易打版			
16	定下摆	x y x	参考点	点〈10〉；水平垂直向右上〈0〉 长度：X=下摆/4，Y=0.7	线段[10,f] [f,14]
17	定胸高和胸围	y x	参考点	点〈9〉；垂直水平向右下〈0〉 长度：X=胸围/4，Y=胸高 –0.5	线段[9,e] [e,15]
18	定胸宽	y x	参考点	点〈9〉；垂直水平向右下〈0〉 长度：X=胸宽，Y=前幅	线段[9,a] [a,16]
19	定门襟	x y or	参考点	点〈10〉；水平向左〈0〉；长度＝门襟	线段[10,17]
				点〈a〉；水平向左〈0〉；长度＝门襟	线段[a,18]
		参考点			
20	定驳头点	+	参考点	X=–（门襟 +0.4），Y=–0.58；点〈11〉	点〈19〉

步骤	打版目的	DOCAD 打版功能	定位	操作方式	结果
		简易打版			
21	连接各控制点，完成衣版		参考点	点〈17〉,<10>,〈14〉,〈15〉,〈16〉,〈13〉,〈12〉,〈11〉, <19>, <18>	完成前片
				直接点击功能按钮	
		修改			
22	修改前袖窿		解除	点取〈16〉、〈15〉 在曲线中间插入一点，使线段成弧线 可以插入多个点以达到平滑的曲线	注：这三个功能可以交叉使用
				移动所插入的控制点，修顺曲线	
				直接点中不需要的控制点	
23	修改前领弧线前下摆	（同步骤22）	解除	（同步骤22修出前片领弧线）	
		测距			
24	测各部位尺寸	尺寸名称	端点	a. 选后片 尺寸名称：输入 = BN 测间距：点〈3〉、〈4〉 尺寸名称：输入 = BAH 测间距：点〈5〉、〈6〉 尺寸名称：输入 = BSH 测间距：点〈8〉、〈6〉 b. 选前片 尺寸名称：输入 = FAH 测间距：点〈13〉、〈15〉	测量各部位曲线长度，并存入尺寸表
25	按钮菜单			直接点击功能按钮	将打版码测量的新尺寸放缩后自动将所有码放入尺寸表
				如果只有一个层，也可点击 和	

领子打版过程及图示：

（1）依 BN、领高、领尖长尺寸完成领子的基础造型（步骤 26～33）；

（2）连结各点完成领子版型（步骤 34）；

（3）修顺领子弧度（步骤 35）。

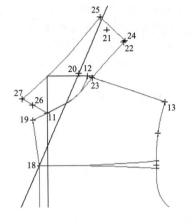

详细步骤：

步骤	打版目的	DOCAD 打版功能	定位	操作方式	结果
		参考点			
26	翻折基点位置		参考点	长度 =0.6；点〈13〉；〈12〉；〈12〉	点〈20〉
27	定后领长			长度 =BN；点〈18〉；〈20〉；〈12〉	点〈21〉
28	定辅助点		参考点	展褶宽 =-1.65；褶心点〈12〉；褶边点〈21〉	点〈22〉
29	定辅助点			长度 =0.35；点〈12〉；点〈13〉；〈12〉	点〈23〉
30	定后领长			长度 =BN；点〈23〉；〈22〉；〈23〉	点〈24〉
31	定领高			垂直长度 = 领高；点〈23〉；〈24〉；〈24〉	点〈25〉
32	定辅助点			展褶宽 =-1.3；褶心点〈11〉；褶边点〈19〉	点〈26〉
33	定领尖			长度 = 领尖；点〈11〉；〈26〉；〈11〉	点〈27〉
		简易打版			
34	连接各控制点，形成衣版		参考点	点〈24〉，〈23〉，〈11〉，〈27〉，〈25〉	完成领子版型
				直接点击功能按钮	
		修改			
35	修改弧线		解除	点取〈27〉，〈25〉作为控制点 在曲线中间插入一点，使线段成弧线 可以插入多个点以达到平滑的曲线	注：这三个功能可以交叉使用
				移动所插入的参考点，修顺曲线	
				直接点中不需要的控制点	

前片口袋和袖子的打版过程及图示:
（1）画上口袋（步骤 36～37）;
（2）画袋盖及下口袋（步骤 38～
　　43）;
（3）依袖长、袖口、袖窿、袖褶等
　　完成袖子（步骤 44～51）;
（4）画袖克夫（步骤 52）。

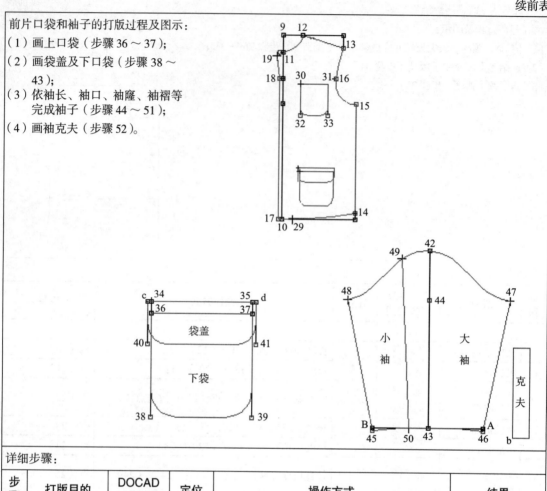

详细步骤:

步骤	打版目的	DOCAD 打版功能	定位	操作方式	结果
		参考点			
36	定上袋位置		参考点	X= 上袋位; Y=- 上袋距; 点〈9〉	点〈30〉
		新衣版			
37	画上袋布			点 <30>; X= 上袋宽, Y= 上袋长	完成上袋布线段 [30,31,32,33]
		修改			
38	袋布修圆角		端点	半径长 =1.3; 点 <32>; <33>	
		参考点			
39	定下袋盖位置		参考点	X= 下袋位; Y= 下袋距; 点〈10〉	点〈C〉

步骤	打版目的	DOCAD 打版功能	定位	操作方式	结果
		新衣版			
40	画下袋盖布			点〈C〉；X= 袋盖宽，Y=– 袋盖高	完成下袋盖布线段 [c,d,40,41]
		参考点			
41	定下袋布位置		参考点	X=0.1，Y=–0.6；点〈C〉	点〈36〉
		新衣版			
42	画下袋盖布			点〈36〉；X= 下袋宽，Y=– 下袋长	完成下袋盖布线段 [36,37,38,39]
		修改			
43	袋布修圆角		端点	选下袋盖 半径长 =1；点〈40〉；〈41〉 选下袋布 半径长 =1.3；点〈38〉；〈39〉	
		简易打版			
44	定袖长		解除	点〈0〉；垂直向下〈0〉 长度 = 袖长 +0.1– 克夫 – 肩宽 /2	线段 [42,43]
45	定袖山		参考点	点〈42〉；垂直向下〈0〉；长度 = 袖山	线段 [42,44]
46	定袖口			点〈43〉；水平垂直向右下〈0〉 长度：X= 袖口 /2+ 袖褶 –0.2，Y=0.3	线段 [43,A] [A,46]
				点〈43〉；水平垂直向左下〈0〉 长度：X= 袖口 /2+ 袖褶 –0.2，Y=0.3	线段 [43,B] [B,45]
		参考点			
47	依袖山、袖窿定袖肥			Y=–（袖山）；两点长 =(BAH+FAH)/2–0.3，点 <42>	点〈47〉
				Y=–（袖山）；两点长 =–((BAH+FAH)/2–0.3)，点 <42>	点〈48〉
		简易打版			
48	连接各控制点，形成衣版		参考点	点〈45〉，〈43〉，〈46〉，〈47〉，〈42〉，〈48〉	完成袖子
				直接点击功能按钮	

步骤	打版目的	DOCAD 打版功能	定位	操作方式	结果
		修改			
49	修改袖子		解除	点取〈48〉、〈42〉作为控制点 在曲线中间插入一点，使线段成弧线 可以插入多个点以达到平滑的曲线	注：这三个功能可以交叉使用
				点取〈47〉、〈42〉作为控制点 在曲线中间插入一点，使线段成弧线 可以插入多个点使曲线平滑	
				点取〈45〉、〈43〉作为控制点 在曲线中间插入一点，使线段成弧线 可以插入多个点使曲线平滑	
				点取〈46〉、〈43〉作为控制点 在曲线中间插入一点，使线段成弧线 可以插入多个点使曲线平滑	
				移动所插入的参考点，修顺曲线	
		测距			
50	定小袖位置	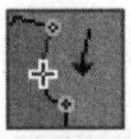	端点	沿点〈48〉、〈42〉；长度 =BSH+0.4	点〈49〉
				沿点〈45〉、〈46〉；长度 = 袖口/4+ 袖褶 +0.2	点〈50〉
		剪接			
51	分割大小袖		参考点	点位置成曲线，连续定位点〈49〉、〈50〉 按完成（离开），点  Yes	完成大、小袖
		新衣版			
52	画克夫		解除	点〈0〉；X= 克夫，Y= 袖口 +0.05	完成克夫

贴边、前后片覆势和其他整理工作的打版过程及图示：

（1）画出贴边（步骤 53 ~ 56）；

（2）前、后片覆势切割、修改（步骤 56 ~ 60）；

（3）其他整理工作（步骤 61 ~ 64）。

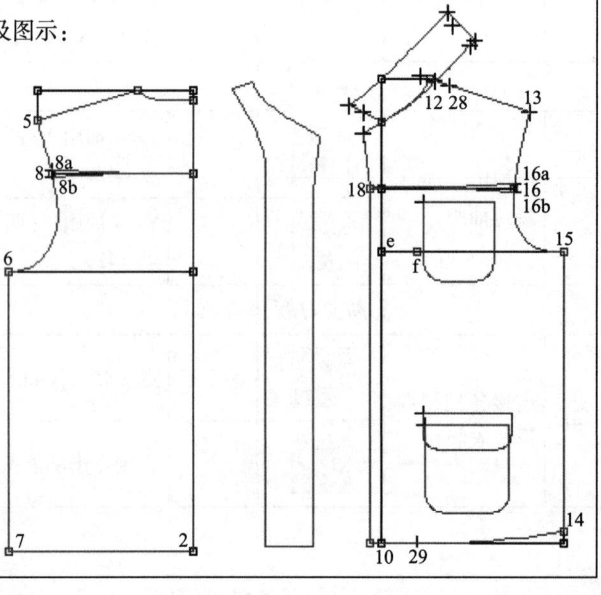

详细步骤：

步骤	打版目的	DOCAD 打版功能	定位	操作方式	结果
		测距			
53	定贴边位置		端点	沿点〈12〉、〈13〉；长度=1.4	点〈28〉
				沿点〈10〉、〈14〉；长度=2.4	点〈29〉
		简易打版			
54	定辅助线段		参考点	点〈e〉；水平向右〈0〉；长度=2.4	线段[e,f]
		贴边			
		镜射角度		方式=0，角度=90	
55	做前贴边		解除	a. 点位置成曲线：点〈28〉，Alt+〈f〉，〈29〉 b. 插入一点：插入点修改贴边曲线 c. 选点修改：移动所插入的控制点，修顺曲线 d. 完成（离开）：是否满意 e. 选贴边上的一点〈18〉 f. 出现镜射线〈0〉	
56	分割版型		端点	定位平行点〈2〉、〈7〉；定位切开位置点〈8〉；按完成（离开）；按	完成后片分割
				定位平行点〈18〉、〈16〉；定位切开位置点〈18〉；按完成（离开）；按	完成前片分割
		测距			
57	修改后片覆势		端点	选后覆势片；沿点〈8〉、〈5〉；长度=0.2 选后下片；沿点〈8〉、〈6〉；长度=0.2	点〈8a〉 点〈8b〉
		修改			
58	移动点		参考点	点<8>，移至<8a> 点<8>，移至<8b>	选后覆势片 选后下片
		测距			
59	修改前片覆势		端点	选前覆势片；沿点〈16〉、〈13〉；长度=0.25 选前下片；沿点〈16〉、〈15〉；长度=0.25	点〈16a〉 点〈16b〉
		修改			
60	移动点		参考点	点〈16〉，移至〈16a〉 点〈16〉，移至〈16b〉	选前覆势片 选前下片

步骤	打版目的	DOCAD 打版功能	定位	操作方式	结果
		变换			
61	复制口袋		解除	选衣版（上袋） 点旧位置；移新位置	
				选衣版（下袋） 点旧位置；移新位置	
				（同上方法）再将上、下袋各复制一片	
				（同上方法）将下袋袋盖复制 3 片	
		符号			
62	将衣片口袋转为符号	衣版转符号		选衣版（前下片） 选衣版转符号（上袋、下袋、袋盖）	
		布纹标示			
63	定布纹线	定角布纹		方式 =〈1〉；角度 =90 布纹长度：方式 =1.（2/3 长）	
		文字标示			
64	标示文字	版型标示		选衣版（后覆势） 输入版名：后覆势 数量：–2（负的值为交互镜射复制）	
				（同上方法）其余几片的版型标示	

夹克完成图

第四节　五袋牛仔裤的打版实例

一、五袋牛仔裤结构图（图3-4-1）

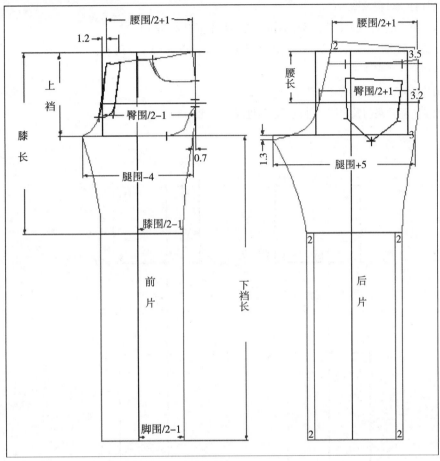

图 3-4-1

二、建立尺寸表（表3-4-1）

表 3-4-1

尺寸档：牛仔裤 .Siz				打版码：L						单位：cm
尺码	腰围	臀围	裤长	下裆长	腰长	前裆	后裆	腿围	膝围	膝长	脚围	拉链长
M	43.5	52	106	83.4	13.5	20.7	33.3	33.8	24.4	50	24.4	13
L	46	54	107.5	84	14	22	35	35	25	50	25	13
XL	48.5	56	109	84.6	14.5	23.3	36.3	36.2	25.6	50	25.6	13

接上表

尺码	袋口宽	袋口长	后袋宽	后袋长	后袋侧长	上裆
M	12	8	16	17	15	22
L	12	8	16	17	15	23
XL	12	8	16	17	15	24

三、打版（表 3-4-2）

表 3-4-2

前、后裤片打版过程及图示：

（1）依 X= 臀围 /2-1，Y= 上档，画出臀围及上档基本框架（步骤 1～7）；

（2）依膝长、膝围、下档长、脚围等定出臀围线以下的基本框架（步骤 8）；

（3）完成前片（步骤 9）；

（4）在前片的基础上画出后片（步骤 10～12）；

（5）修改前、后片窿门及内侧、外侧腿围弧度线（步骤 14～18）。

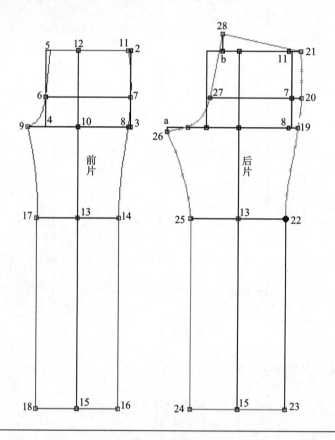

详细步骤：

步骤	打版目的	DOCAD 打版功能	定位	操作方式	结果
		简易打版			
1	依裤子臀围线及上裆画基本框架		解除	点〈0〉；水平向右垂直向下〈0〉 X= 臀围 /2-1，Y= 上裆	依打版的基准点，得长方形线段 [1, 2, 3, 4] 开始画前、后裤片
2	撇门为 1.2 定腰长		参考点	点〈1〉；水平向右〈0〉；长度 =1.2	线段 [1,5]
				点〈1〉；垂直向下〈0〉；长度 = 腰长	线段 [1,6]
3	定臀围线			点〈6〉；选线段 [2,3] 做垂直线	线段 [6,7]
4	定前腿围			点〈3〉；水平向左〈0〉；长度 =0.7	线段 [3,8]
				点〈8〉；水平向左〈0〉；长度 = 腿围 -4	线段 [8,9]
		参考点			
5	定裤中心线上辅助点		参考点	点〈8〉；点〈9〉	点〈10〉
		简易打版			
6	定腰围		参考点	点〈5〉；水平向右〈0〉 长度 = 腰围 /2+1	线段 [5,11]
7	定裤中线线段			点〈10〉；选线段 [1,2] 做垂直线	线段 [10,12]
8	定膝长和膝围 定下裆和脚围			点〈12〉；垂直向下水平向右〈0〉 长度：X= 膝围 /2-1，Y= 膝长	线段 [12,13] 线段 [13,14]
				点〈10〉；垂直向下水平向右〈0〉 长度：X= 脚围 /2-1，Y= 内长	线段 [10,15] 线段 [15,16]
				选线段 [10,15] 作为对称线 选线段 [13,14];[15,16] 作为对称单元	线段 [13,17] 线段 [15,18]
9	连接各控制点，完成衣版		参考点	点〈18〉,〈17〉,〈9〉,〈6〉,〈5〉,〈11〉,〈7〉,〈8〉,〈14〉,〈16〉	完成前片
				点〈7〉,〈8〉转换为曲点	
				直接点击功能按钮	

步骤	打版目的	DOCAD打版功能	定位	操作方式	结果
		简易打版			
10	在前片的基础上画后片	(图标)	参考点	点〈8〉；水平向右〈0〉；长度 =3	线段 [8,19]
				点〈7〉；水平向右〈0〉；长度 =3.2	线段 [7,20]
				点〈11〉；水平向右〈0〉；长度 =3.5	线段 [11,21]
				点〈14〉；水平向右〈0〉；X=2	线段 [14,22]
				点〈16〉；水平向右〈0〉；X=2	线段 [16,23]
				点〈17〉；水平向左〈0〉；X=2	线段 [17,25]
				点〈18〉；水平向左〈0〉；X=2	线段 [18,24]
11	定后腿围	(图标)	参考点	点〈19〉；水平向左垂直向下〈0〉 长度：X= 腿围 +5，Y=1.3	线段 [19,a] 线段 [a,26]
12	定后臀围 定后腰围	(图标)	参考点	点〈20〉；水平向左〈0〉 长度 = 臀围 /2+1	线段 [20,27]
		(图标)	参考点	点〈21〉；水平向左垂直向上〈0〉 长度：X= 腰围 /2+1，Y=2	线段 [21,b] 线段 [b,28]
13	连接各控制点，完成衣版	(图标)	参考点	点〈24〉，〈25〉，〈26〉，〈27〉，〈28〉，〈21〉，〈20〉，〈19〉，〈22〉，〈23〉	完成后片
		(图标)		点〈20〉，〈19〉转换为曲点	
		(图标)		直接点击功能按钮	
		修 改			
14	修改前窿门、前腿围内侧及外侧的弧度	(图标)	解除	选前片 在线段中间插入点，修改前窿门弧度线	修改前窿门 注：这三个功能可以交叉使用
		(图标)		移动所插入的控制点，修顺曲线	
		(图标)		直接点中不需要的控制点	
15	修改后窿门、后腿围内侧及外侧的弧度	（同步骤14）		（同步骤 14，把裤子后片弧度修顺）	修改后窿门
16	调整前、后窿门弧度放缩比例	改变放缩方式	端点	a. 选前片 点〈6〉，〈9〉；方式：1 X、Y 比例 b. 选后片 点〈27〉，〈26〉；方式：1 X、Y 比例	

步骤	打版目的	DOCAD 打版功能	定位	操作方式	结果
		测 距			
17	测距前窿门弧度,锁定前裆尺寸调整位置	尺寸名称		选前片 尺寸名称 =FH	
			端点	点〈6〉,〈9〉	弧线〈6,9〉变红色,并自动存入尺寸表
				点〈6〉,〈5〉;长度 = 前裆 −FH	点〈29〉
18	测距后窿门弧度,锁定后裆尺寸调整位置	尺寸名称		选后片;尺寸名称 =BH	
				点〈27〉,〈26〉	弧线〈27,26〉变红色,并自动存入尺寸表
				点〈27〉,〈28〉;长度 = 后裆 −BH	点〈30〉

修改腰围、窿门打版过程及图示:
（1）修改腰围线（步骤 19）;
（2）调整窿门弧度
  （步骤 20 ～ 23）。

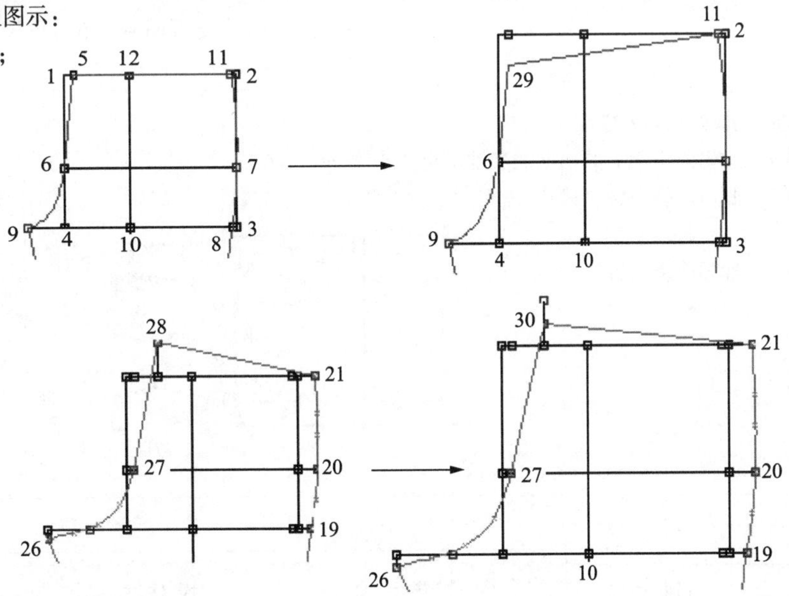

详细步骤:

步骤	打版目的	DOCAD 打版功能	定位	操作方式	结果
		修 改			
19	修改腰围线	（同步骤 14）	解除	选前片（修改可参考步骤 14）	前片

步骤	打版目的	DOCAD 打版功能	定位	操 作 方 式	结 果
		参考线			
20	将后片翻片相接前后窿门修弧度		解除	角度 = 90；任意点〈0〉 此线是为以下程序所订的镜射中心线	
		图形变换			
21	不保留衣片	□ 保留所选		不打勾	
22	调整后片	选衣版		选后片 (会亮红色)	
		镜射		方式：1，选参考线	
23	修整前后窿门弧度	选衣版		选后片 (会亮红色)	
		□ 保留所选		打勾	完成前后窿门弧度相接修改
			解除	选后片；点〈25〉，〈26〉 选前片；点〈17〉，〈9〉 选点修改：修改曲线控制点 完成 (离开) Y 注：若后片要再回到原位，再模仿第21步	

前袋打版过程及图示：
（1）画出前袋所需的辅助线和辅助点（步骤24～26）；
（2）画出口袋布各个裁片
　　（步骤27～34）；
（3）标识前袋位置
　　（步骤35～38）。

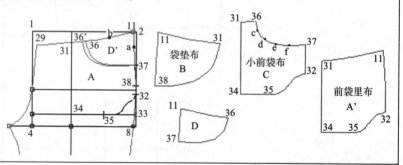

详细步骤：

步骤	打版目的	DOCAD 打版功能	定位	操 作 方 式	结 果
		测距			
24	定前口袋里布	选衣版	端点	[前片]	
				沿弧线〈11〉，〈29〉；长度 = 袋口宽 +3.5	点〈31〉
				沿弧线〈11〉，〈8〉；长度 = 袋口长 +7	点〈32〉

步骤	打版目的	DOCAD 打版功能	定位	操作方式	结果
		简易打版			
25	定辅助线段	copy d	参考点	平行线段 [1,2]; 垂直往下〈0〉; 长度 =20	线段 [33,34]
		copy		平行线段 [1,4]; 点〈31〉	线段 [31,34]
		参考点			
26	定辅助点		参考点 交点	点〈33〉 点〈34〉	点〈35〉
		新衣版			
27	显示所有控制点	☑ 显实版 端点		打勾	
28	连接各控制点, 完成衣版		参考点 端点 交点	点〈31〉, Alt+〈34〉, Alt+〈35〉, Alt+〈32〉, 〈a〉, Alt+〈11〉, 〈b〉	前袋里布 [A]
		o.k		直接点击功能按键	
		修改			
29	修改口袋里布		选衣版	[A]	(同步骤 14)
			解除	〈32〉,〈35〉之间修弧度	
		变换			
30	复制口袋里布		选衣版	[A]	前袋里布 [A']
			解除	点旧位置, 移新位置	
		测距			
31	定前片口袋位置		选衣版	[A]	点〈36〉 点〈37〉
			端点	沿弧线 [11, 31]; 长度 = 袋口宽 沿弧线 [11, 32]; 长度 = 袋口长	
		剪接			
32	剪接前袋里布 挖月亮口袋		选衣版	[A]	完成 [C], [D] 袋布
			解除	a. 点位置成曲线: 点〈36〉,〈37〉 b. 插入一点: 插入点修改月亮袋 c. 选点修改: 移动所插入的控制点, 修顺曲线 d. 完成 (离开): 是否满意 Y 是	

步骤	打版目的	DOCAD 打版功能	定位	操 作 方 式	结 果
		测 距			
33	定辅助点		选衣版	[C]	点〈38〉
				沿弧线 [37，32]；长度 =5	
		贴 边			
34	前袋里垫布		选衣版	[前裤片]	完成 [B] 袋垫布
			解除	a. 点位置成曲线：点〈31〉,〈38〉	
				b. 插入一点：插入点修改曲线	
				c. 选点修改：移动所插入的控制点，修顺曲线	
				d. 完成 (离开)：是否满意	
				e. 选贴边上的一点〈11〉	
				f. 出现镜射线〈0〉	
		新衣版			
35	显示所有控制点		☑ 显实版端点	打勾	
		剪 接			
36	剪接前裤片挖月亮口袋		选衣版	[前裤片]	
			端点	a. 点位置成曲线：点〈36〉, 点〈c,d,e,f〉, Alt+〈37〉	
				b. 完成 (离开)：是否满意	
		修 改			
37	把前裤片口袋处的省道转移掉		端点	选前裤片；点〈36〉；点〈36〉；X= -1	点〈36'〉
		图形变换			
38	标记裤片上的前口袋位置		□ 保留所选	勾取消	版 D 变蓝色
			选衣版	[D]	
			解除	方式 =0; 角度 =90; 点〈0〉	
			选衣版	[D]	
			端点	点〈11〉移至 [B] 版〈11〉	
			新衣版		
		符 号			
			选衣版	[B]	
		衣版转符号		[D]	

前袋贴打版图示：

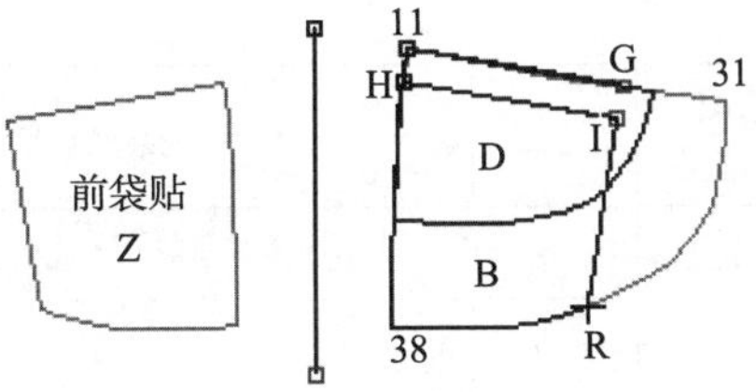

详细步骤：

步骤	打版目的	DOCAD 打版功能	定位	操作方式	结果
		测距			
39	画前小袋贴辅助点	选衣版		[B]	
			参考点	沿弧线〈11〉,〈31〉；长度 =10.5	点〈G〉
			端点	沿弧线〈11〉,〈38〉；长度 =1.5	点〈H〉
		简易打版			
40	定辅助点		端点	点〈11〉	线段 [11, G]
			参考点	点〈G〉	
41	定辅助点	 copy		选线段 [11, G]；复制到〈H〉	点〈I〉
		参考线 / 参考圆			
42	定辅助点		参考点	选线段 [H, I], 做垂直线找到版与线交点 定位点〈I〉	点〈R〉
		参考点			
43	定坐标点	 +	定位 版线圆	点〈R〉	
		贴边			
44	完成贴袋	镜射角度		方式 =0, 角度 =90	完成小贴袋
			解除	a. 点位置成曲线：点〈H〉, Alt +〈I〉, Alt +〈R〉 b. 完成（离开）：是否满意 c. 选贴边上的一点〈38〉 f. 出现镜射线〈0〉	

门襟部位的打版过程及图示：
(1) 画门襟（步骤 45 ~ 48）；
(2) 修整门襟及确定门襟位置
　　（步骤 49 ~ 51）；
(3) 画底襟（步骤 52 ~ 54）

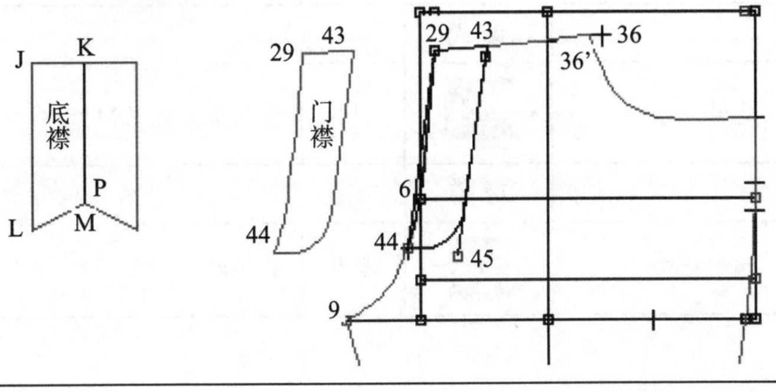

详细步骤：

步骤	打版目的	DOCAD 打版功能	定位	操 作 方 式	结 果
		测 距			
45	画门襟辅助点	选衣版		前裤片；	点〈43〉 点〈44〉
			参考点 端点	沿弧线〈29〉，〈36'〉；长度 =4 沿弧线〈29〉，〈9〉；长度 = 拉链长	
		简易打版			
46	定辅助线		参考点 端点	点〈29〉；〈44〉	线段 [29，44]
47	定辅助线	copy	参考点	选线段 [29，44]；复制到〈43〉	点〈45〉
48	连接各控制点，完成衣版		参考点	依次点〈29〉，〈43〉，〈45〉，〈44〉	完成门襟
		ok		直接点击功能按钮	
		修 改			
49	袋脚转弧		参考点	选门襟；半径 =3.5；点〈45〉	
		变 换			
50	复制门襟		解除	选门襟；点旧位置；移新位置	
		符 号			
51	定门襟位置	选衣版		选裤片	
		衣版转符号		选门襟	
		衣 版			
52	画底襟基础型	x y	解除	〈0〉；点 X=4，Y= 拉链长 +0.5	线段 [K,M,J,L]
		修 改			
53	定辅助点	x y	端点	选底襟；点〈M〉；点〈M〉；Y=2	点〈P〉
		剪 接			
54	镜射相接		端点	选底襟；〈P〉；〈K〉	

后裤片育克、后袋、腰头打版过程及图示：

（1）画后裤片克（步骤 55～57）；

（2）画后袋（步骤 58～61）；

（3）画腰头（步骤 62）。

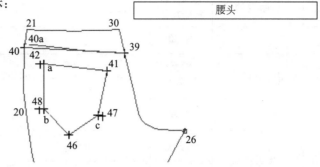

详细步骤：

步骤	打版目的	DOCAD 打版功能	定位	操作方式	结果
		测距			
55	定后片拼接位置		端点	选后片；沿弧线 [30, 26]；长度 =6	点〈39〉
				选后片；沿弧线 [21, 20]；长度 =3.5	点〈40〉
		剪接			
56	画后育克		参考点	选后片；点〈39〉；点〈40〉 是否满意	后片拼接
		褶子			
57	整理衣片尺寸		端点	选后片拼接； 点〈30〉；点〈21〉；长度 =0.7 点〈39〉；点〈40〉；长度 =0.3	
		参考点			
58	画后口袋		参考点	X=−4.5，Y=−4.5；〈39〉 X=5，Y=−4；〈40〉	点〈41〉 点〈42〉
				长度 = 后袋宽；点〈41〉,〈42〉	点〈a〉
				长度 = 后袋长；点〈41〉,〈a〉	点〈46〉
				长度 = 后袋侧长；点〈41〉,〈a〉；〈a〉,〈41〉	点〈48〉,〈47〉
				长度 =1；点〈47〉,〈48〉；〈47〉 长度 =1；点〈48〉,〈47〉；〈48〉	点〈c〉 点〈b〉
59	连接各控制点，完成衣版		参考点	依次点〈41〉,〈c〉,〈46〉,〈b〉,〈a〉	完成后口袋
				直接点击功能按钮	

步骤	打版目的	DOCAD打版功能	定位	操作方式	结果
	变换				
60	复制后口袋		解除	选后口袋；点旧位置移到新位置	复制一片后口袋
	符号				
61	后口袋做符号	选衣版	[后片]		后口袋变蓝色
		衣版转符号	[后口袋]		
	测距				
62	做腰头		解除	点〈0〉；X=4，Y=腰围+4	腰头基本形完成

五袋款牛仔裤完成图

第五节 插肩袖和公主线的打版实例

一、插肩袖

1. 建立尺寸表（表3-5-1）

表 3-5-1

尺寸档名：夹克.Siz				打版码：M						单位：cm	
尺码	衣长	胸围	下摆	领宽	肩宽	后领深	前领深	袖窿	袖长	袖口	袋口
S	61	60	50	20	18	2.5	7	27	58	32	15
M	63	64	54	20.5	19	2.5	7.5	28	60	33	15
L	65	68	58	21	20	2.5	8	29	62	34	15

2. 打版（表3-5-2）

表 3-5-2

打版过程及图示：

打版过程及图示：

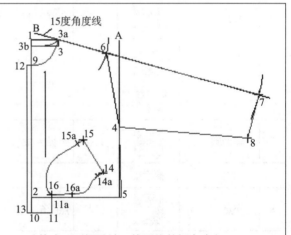

（1）画出垂直线段定出衣长（步骤1）；

（2）长方框定出领宽及后领深（步骤2）；

（3）由中心线平行定出胸围（步骤3）；

（4）水平线段定出下摆（步骤4）；

（5）依固定角度 -15°，定出肩斜（步骤5）；

（6）定出肩宽、袖长、袖窿（步骤6～10）；

（7）依肩斜角度垂直定出袖口（步骤11）；

（8）完成后片（步骤12）；

（9）画出垂直线段，定出前领深及前衣长
（步骤13～14）；

（款式：下摆及袖口接罗纹的短夹克）

（10）定出搭门宽与罗纹连接的部位（步骤15）；

（11）水平线段定叠门（步骤16）；

（12）完成前片（步骤17）；

（13）修改前、后片领弧度（步骤18）；

（14）定出下摆围距口袋位置（步骤19）；

（15）依固定角度 -58°，定出口袋斜度及袋口位置（步骤20～21）；

（16）距下摆1.2cm位置定出口袋布（步骤22～25）；

（17）完成口袋布（步骤26）；

（18）修改口袋布弧度线（步骤27）。

详细过程：

步骤	打版目的	DOCAD 打版功能	定位	操作方式	结果
		简易打版			
1	定衣长	x y or	解除	点〈0〉；垂直向下〈0〉 长度 = 衣长 −6	线段 [1,2]
2	画领宽、后领深	x y	参考点	点〈0〉；右下对角，〈0〉 X= 领宽 /2，Y= 后领深	线段 [1,3,3a,3b]
3	中心线平行定胸围	copy d		线段 [1,2]，向右平行，〈0〉 长度 = 胸围 /2+0.7	线段 [A]
4	画下摆	x y or		点〈2〉；水平向右，〈0〉 长度 =8 点〈11a〉；水平向右，〈0〉 长度 = 下摆 /2-1.5	线段 [2,11a] 线段 [11a,5]
		参考线 / 参考圆			
5	定肩斜			角度 =-15；点〈3a〉	线段 [B]
6	定肩宽			半径 = 肩宽；点〈3a〉	圆 {3a,6}
		参考线 / 参考圆			
7	定辅助圆		交点	半径 = 袖长 -6；点〈6〉	圆 {6,7}
		参考点			
8	定交点	+	交点	点〈6〉；点〈7〉	
		参考线 / 参考圆			
9	删除辅助线和辅助圆	删除一线		点〈B〉	确定袖长位置
		删除一圆		点取圆 {6,7}	
		简易打版			
10	定袖隆	on d	参考点	点〈6〉；线段 [A]；长度 = 袖隆	线段 [6,4]
		参考点			
11	定袖口	+		长度 =- 袖口 /2；点〈6〉；〈7〉；〈7〉	点〈8〉

步骤	打版目的	DOCAD 打版功能	定位	操作方式	结果
		简易打版			
12	连接各控制点，完成衣版			点〈5〉,〈2〉,〈3b〉,〈3a〉,〈6〉,〈7〉,〈8〉,〈4〉	完成后片
				直接点功能按钮即可	
13	定领深		参考点	点〈1〉；垂直向下〈0〉 长度 = 前领深	线段 [1,9]
14	定前衣长			点〈1〉；垂直向下〈0〉 长度 = 衣长	线段 [1,10]
15	定前搭门			点〈11a〉；垂直向下〈0〉 长度 =6	线段 [11a,11]
16	定叠门			点〈9〉；水平向左〈0〉；长度 =2 点〈10〉；水平向左〈0〉；长度 =2	线段 [9,12] 线段 [10,13]
17	连接各控制点，完成衣版			点〈5〉,〈11a〉,〈11〉,〈10〉,〈13〉,〈12〉,〈9〉,〈3a〉,〈6〉,〈7〉,〈8〉,〈4〉	完成前片
				直接点功能按钮即可	
18	修改前、后领弧度		解除	插入点修改后领弧度线	选后片
				移动所插入的控制点，修顺曲线	
				插入点修改前领弧度线	选前片
				移动所插入的控制点，修顺曲线	
		参考点			
19	定口袋位置		参考点	X=-7，Y=9.5；点〈5〉	点〈14〉
		参考线/ 参考圆			
20	定袋斜度			角度 = -58；点〈14〉	
21	定袋口			半径 = 袋口；点〈14〉	圆 {14,15}

步骤	打版目的	DOCAD 打版功能	定位	操作方式	结果
		参考点			
22	定辅助点	+	交点	点〈15〉	点〈15〉
		参考线 / 参考圆			
23	删除多余辅助点	删除一线		点〈14〉	
		删除一圆		点取圆 {15}	
		参考点			
24	定辅助点	+	参考点	长度 =2；点〈14〉；〈15〉	〈14a〉；〈15a〉
25	定距下摆袋位	+		X=0，Y=1.2；点〈11a〉	点〈16〉
		+		X=5，Y=0；点〈16〉	〈16a〉
		简易打版			
26	连接各控制点，完成衣版			点〈16〉，〈16a〉，〈14a〉，〈14〉，〈15〉，〈15a〉	完成口袋衣版
		ok		直接点功能按钮即可	
		修改			
27	修改口袋		解除	插入点修改口袋弧度线	
				移动所插入的控制点，修顺曲线	
		改变放缩方式		〈15a〉；〈16〉；方式 =2 等份放缩 〈14a〉；〈16a〉；方式 =1 XY 比例 （放缩比例可视情况选择放缩方式）	

二、插肩袖变化（表3-5-3）

表3-5-3

插肩袖变化的打版过程及图示：
（1）沿前领口定出剪开线的位置
（步骤1～2）；
（2）将袖子修出交叠份（步骤3～4）；
（3）测量前袖窿的尺寸，锁定袖子
（步骤5～7）。

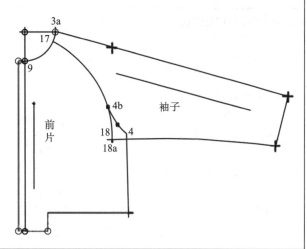

详细步骤

步骤	打版目的	DOCAD 打版功能	定位	操作方式	结果
		测距			
1	定领切线位置			延点〈3a〉、〈9〉；长度 =4.5	点〈17〉
		剪接			
2	分割叉肩袖		参考点 解除	a. 点位置成曲线：点〈17〉〈4〉 b. 插入一点：插入点修改插肩袖曲线 c. 选点修改：移动所插入的控制点，修顺曲线 d. 完成（离开）：是否满意	完成前片及前袖片
		参考点			
3	定辅助点		端点	长度 =-4：点〈4b〉〈4〉	点〈18〉
		修改			
4	修改袖肥点		参考点 解除	移动控制点〈4〉移到〈18〉 移动修顺其他点曲线	选前袖片
		测距			
5	测量前袖窿	尺寸名称		点击按钮；输入 = FAH	测量 FAH，并存入尺寸表
				选前片 选取〈17〉、〈4〉两个控制点	
6	锁定前袖片			选前袖片 沿点〈17〉、〈18〉；长度 =FAH	〈18a〉
		修改			
7	移动点		参考点	选前袖片 选〈18〉；移到〈18a〉	

三、公主线剪切应用（表3-5-4）

表3-5-4

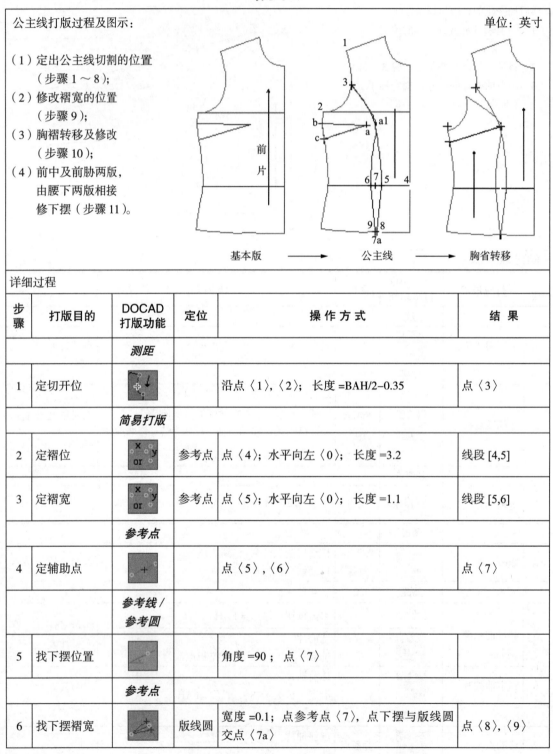

| 公主线打版过程及图示： | | | | | 单位：英寸 |

（1）定出公主线切割的位置
（步骤1～8）；
（2）修改褶宽的位置
（步骤9）；
（3）胸褶转移及修改
（步骤10）；
（4）前中及前胁两版，
由腰下两版相接
修下摆（步骤11）。

基本版 ──→ 公主线 ──→ 胸省转移

详细过程

步骤	打版目的	DOCAD 打版功能	定位	操作方式	结果
		测距			
1	定切开位			沿点〈1〉，〈2〉；长度 =BAH/2－0.35	点〈3〉
		简易打版			
2	定褶位	x or y	参考点	点〈4〉；水平向左〈0〉；长度 =3.2	线段 [4,5]
3	定褶宽	x or y	参考点	点〈5〉；水平向左〈0〉；长度 =1.1	线段 [5,6]
		参考点			
4	定辅助点	+		点〈5〉，〈6〉	点〈7〉
		参考线／参考圆			
5	找下摆位置			角度 =90；点〈7〉	
		参考点			
6	找下摆褶宽		版线圆	宽度 =0.1；点参考点〈7〉，点下摆与版线圆交点〈7a〉	点〈8〉，〈9〉

步骤	打版目的	DOCAD 打版功能	定位	操作方式	结果
		参考线／ *参考圆*			
7	删除线	删除一线	点〈7〉		
		剪接			
8	公主线 剪接		参考点	点位置成曲线：点〈3〉，alt+〈5〉，alt+〈8〉	
			解除	a. 插入一点：插入点修改公主线 b. 选点修改：移动所插入的控制点，修顺曲线 c. 完成（离开）：是否满意	
		修改			
9	修改胁侧版公主线		参考点	选前胁版； 点〈a1〉，〈8〉，移点〈5〉至〈6〉	
			参考点 解除	点〈8〉，移至〈9〉 将前胁公主线移点修顺	
		褶子			
10	胸褶转移		参考点	选倾斜点〈a1〉，点褶心〈a〉， 选褶尖〈a〉，固定点〈c〉	
		修改			
11	两版相接修改曲线	☑ 产生修边线			
			解除	选前胁版；点〈6〉；〈9〉 选前中版；点〈5〉；〈8〉 选点修改：修改曲线控制点	

训练题：

1. 西服裙的打版、放码。

2. 男西裤的打版、放码。

3. 男衬衫的打版、放码。

4. 女牛仔裤的打版、放码。

5. 女休闲西服的打版、放码。

6. 男大衣的打版、放码。

第四章　度卡CAD排马克（排料）系统

学习目标： 通过本章的学习，了解排马克（排料）的基本要求和原则，掌握计算机辅助排马克（排料）的方法，明确计算机排马克（排料）与传统排料的差别，熟练运用服装CAD的排马克（排料）工具，排出符合生产实际的排马克（排料）图。

学时： 8学时。

第一节　计算机辅助排料

排料，在服装 CAD 中又称为马克（Marking），是在预定的布料宽度与长度上根据排料规则摆放所要裁剪的衣片。放置裁片时，要根据服装的实际需要做出一定的限制，如丝缕方向的单一性、是否允许旋转、是否允许重叠、是否允许分割等。

传统排料是由人按照经验手工进行的，排料效率低、劳动强度大、易出差错，特别是在裁片多，以及排新的款式时更是如此。而计算机排料是根据数学原理，利用计算机图形学设计而成的，且这项技术仍在处于不断进步中，因此具有良好的发展前景。计算机辅助排料与传统手工排料相比，有如下几个优点：

（1）计算机排料在显示器屏幕上进行，操作方便、快捷，可以减少人工排料时的来回走动、不断翻找需要的裁片。

（2）计算机排料所需的空间与手工相比要小的多，可以节约场地，降低生产成本。

（3）计算机排料可以实时显示排料信息，不会漏排、多排，且其精确的信息有助于进行估料、成本核算等方面的工作。

（4）计算机自动排料可以在较短的时间内得到较满意的排料效果，而且所排的排料图可以保存下来供多次使用，可以大大降低人工的费用。

（5）计算机排料可以跟后续的自动裁剪，以及自动缝制等工序无缝连接，实现服装生产的自动化。

总之，采用电脑排料可以提高工作效率，降低成本，避免人工排料时常见的多排、漏排的错误，提高排料质量，减轻排料人员的劳动强度，提高劳动生产率。

一、排料规则

排料的目标是尽可能地提高面料使用率，降低生产成本。要达到这个目的，一般要遵循下面原则排料：

（1）先大后小——先排大衣片，然后再排小衣片，小衣片尽量穿插在大衣片之间的空隙处。

（2）凹凸相对——直对直、斜对斜、弯对弯、凹对凸，或者凹对凹，加大凹部位范围，可以便于其他部位排放，减少衣片间的空隙。

（3）大小套排——大小搭配，若所排服装为大、中、小三种款型，可以大小号套排，中档排，使衣片间能取长补短，实现合理用料。

（4）防止倒顺——在对裁片进行翻转或旋转时要注意防止"顺片"或者"倒顺毛"。

（5）合理切割——根据实际需要进行合理切割，以提高面料使用率。

另外，还需调剂平衡，采取衣片之间的"借"与"还"，在保证部位尺寸不变的情况下，调整衣片缝合线相对位置，在客户允许的情况下，可在一定范围内倾斜一下丝缕，来提高排料利用率。

二、计算机辅助排料方法

计算机排料方法有多种，简单归纳为以下三种：

1. 手工排料

利用服装 CAD 提供的排料工具将衣版从待排区拿出来，按照排料规则排到工作区里。

2. 自动排料

自动排料是计算机自动完成裁片的排料。先设置好排料参数，如排料的时间、排料的宽度、衣片的限制信息，然后由计算机自动完成排料。特别是近年发展起来的智能自动排料，采用模糊智能技术，结合专家排料经验，模仿曾经做过的优化排料方案进行排料，另外，还可以进行无人在线操作，系统深夜持续运转，可以处理大量排料任务，大大提高排料效率和减轻人工的繁重劳动。

3. 人机交互式排料

人机交互式排料是指按照人机交互的方式，由操作者利用鼠标根据排料的规则和自身排料的经验将裁片通过旋转、分割、平移等手段排成裁剪用的排料图。在操作过程中，系统实时提供已排放的裁片数、待排裁片数、面料幅宽、用料长度、用布率等，为排料提供参考。该方式是生产实际中最常用的方式。

第二节　度卡 CAD 排马克（排料）系统界面

一、排马克（排料）系统界面

双击桌面上 ![ProMarker] 图标，就会进入排马克（排料）系统界面，如图 4-2-1 所示。

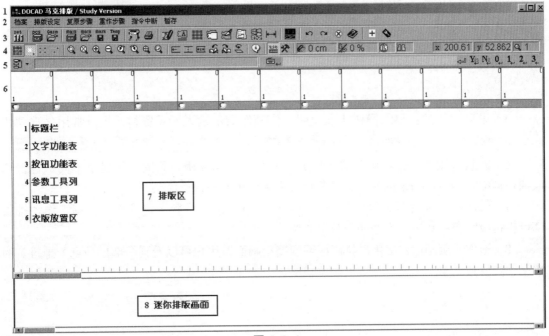

图 4-2-1

二、排马克（排料）系统界面介绍

排马克（排料）系统界面由上而下依序为：

（1）标题栏：主要显示软件的名称及排版的档名路径。

（2）文字功能表：档案、排版设定、复原步骤、重做步骤、指令中断、暂存等6个主要指令，点取其中排版设定会出现下拉式的次指令功能，再选择所需工作指令，在操作方式区会显示操作步骤，依序执行该指令的步骤。

（3）按钮功能表：放置主指令中常用的工作指令图标，点取任一指令，在排版区会出现工作指令，如图4-2-2所示。

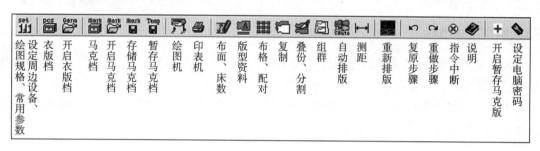

图 4-2-2

（4）参数工具列：分定位、放大、排版区画面卷页、重画图形、排版资讯（显示排版布长、布宽、使用率等资讯）、一般资讯（显示排版中的布长、使用率、版子旋转、XY坐标方位、当前放大倍数、镜射的情况）、旋转镜射工具（可做版型的旋转、+角度、–角度、重叠、滑片、移出、版型左右、上下、镜射、复原等），如图4-2-3所示。

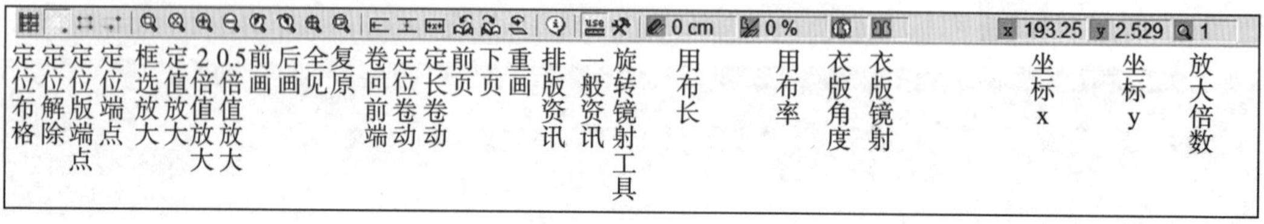

图 4-2-3

（5）讯息工具列：显示操作步骤说明、依操作指示输入所需资料，提供常用之选项快捷按键 [图] ▪　[图]　↵ Y N 0 1 2 3 。

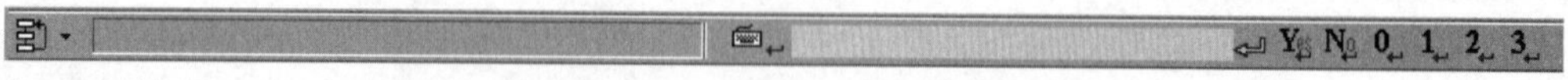

（6）衣版放置区：在衣版放置区中放置一套生产马克版，不同尺码显示不同颜色，选取裁片排版时会显示剩余的片数，若裁片排完则格子变空白。

（7）排版区：为排版师提供排版时所需的指令，进行排版设定及档案管理工作。排版师可将排版区当作裁床，由左而右放置衣版。

（8）迷你排版画面：提供已排版区域的缩小画面，用户可以看到全部排马克（排料）的情况，然后做调整。

第三节　度卡 CAD 排马克（排料）系统基本工具

一、基本工具介绍

右键工具菜单，如图 4-3-1 所示。

注意： 在置版区选中衣版后，到排版区右击鼠标，就会弹出左图的工具菜单。

图 4-3-1

（1）旋转包括：0° 、90° 、180° 、270° 、+1° 、–1° 、定角度 。

① +1° 为逆时针方向旋转 1°。

② –1° 为顺时针方向旋转 1°。

③ 定角度有两种方式：

点取"Key"，输入旋转角度，则依此角度做旋转。例如：点取"Key"，输入"45°"，按"Enter"键。

选取版子点取圆转盘，移动光标转动此版时，会自动显示角度，确定后再点取一点，即固定此版子角度。另外讯息区会记录版子旋转角度。

（2）排版时可将版子做左右镜射 、上下镜射 、重叠跳开 、可以重叠 、停止滑片 、滑片 、移出 形式处理。

二、其他辅助功能

1. 放大和缩小

（1） （框选）：框选画面放大。

（2） （定值缩放）：输入倍数值，点取中心做放大处理。

（3） （2 倍放大）：点取中心，放大两倍。

（4） （0.5 倍放大）：出现 2 倍缩小画面，点取一点做画面缩小。

（5） （前画、后画）：点击这两个图标，分别是回到前、后的缩放画面；最多记录前、后 6 个缩放画面。

（6） （全见）：排版区按比例缩小画面显示全部马克版；若一画面未排满则不会变动。

（7）（恢复）：将放大画面恢复为正常比例。

2. 卷动功能

（1）（卷回前端）：将排版区卷至最前端的画面（但不超出第二画面所能显示的最前端）。

（2）（定位卷动）：以目测线条为最左端，移动排版区画面。目测线位置可以在排版区选定，也可以在第二画面选定。

（3）（定长卷动）：输入卷动位置的长度，移动排版区画面。

（4）（前页）：往前卷动一个画面的长度。

（5）（下页）：往后卷动一个画面的长度。

（6）（重画）：重新在排版区显示完整的马克版画面。

3. 资讯

（1）（资讯）：点击后跳出资讯窗口，显示马克相关资讯。

（2）（一般资讯）：点击后在右侧显示 。

（3）（用布长）：显示马克用布长。

（4）（用布率）：显示马克用布比率。

（5）（角度）：显示所选衣版的角度。

（6）（镜射）：显示所选衣版的镜射情形。

（7）（旋转镜射工具）：单击图标显示版子旋转工具窗口。排版时，单击右键亦可选择旋转工具。

（8）（坐标）：动态显示光标位置的坐标。

第四节 度卡 CAD 排马克（排料）基本操作流程

1. 打开排马克（排料）界面

双击排马克（排料）的图标，打开排马克（排料）界面。

2. 选衣版档定尺码件数

（1）点击（开启衣版档），跳出打开窗口，如图 4-4-1 所示。

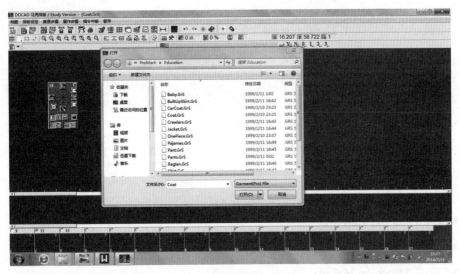

图 4-4-1

（2）选择打开所需文件后，进入衣版档对话框，如图 4-4-2 所示。

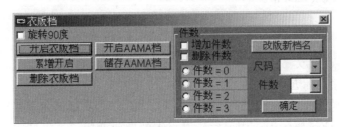

图 4-4-2

①若全部尺码件数相同（且不超过 3 件），可直接选定件数 =0（或 1，2，3）。

②若各尺码件数不同，可以在右侧分别选定，如图 4-4-3 所示。

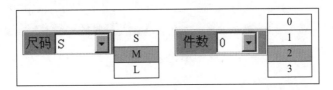

图 4-4-3

（3）选好件数，点击"确定"即可。如果打开发现衣版方向不对，可以将 ☑ 旋转90度 打钩，重新开启衣版档。

3. 设定幅宽

（1）点击 🖊（布面 / 床数），出现下图对话框如图 4-4-4 所示。

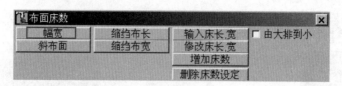

图 4-4-4

（2）点击"幅宽"，输入幅宽，例如：150 cm 。

① 布宽要根据依讯息区中所显示的单位输入布宽，若打版时定英寸为单位，则排马克（排料）显示 。

② 常见布宽单位的换算参考：

3 尺 8 = 114 cm = 45 in；

4 尺 2 = 126 cm = 49.4 in；

4 尺 8 = 144 cm = 56.6 in；

5 尺 1 = 153 cm = 60 in；

5 尺 6 = 168 cm = 66 in。

4. 排版

鼠标左键点击衣版放置区中的"版子"即可选中，如图 4-4-5 所示。移动光标到排版区中（选中的版子会跟随光标进入排版区），在合适的位置再次点击左键，就可以把版子放到排版区。排版的过程中可以使用右键工具，如图 4-4-6 所示，做衣版的角度旋转、镜射、重叠等。

在衣版放置区或排版区中，用鼠标左键点击的要改变版子，先选中，再右击鼠标，就会弹出工具框。点击工具框中的按钮，便可以改变版子排列的状态。排版时，裁片若重叠，电脑自动检测跳开，并紧密排版。在讯息区中会显示排版长度，如图 4-4-7 所示。

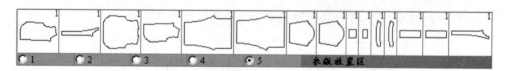

图 4-4-5

图 4-4-6

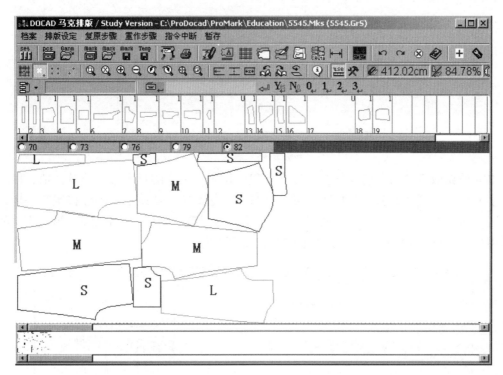

图 4-4-7

第五节 度卡 CAD 分色、分裁床排版

（1）参考排马克（排料）基本操作流程，选定衣版档，定立幅宽。例如：TS-1.Gar 档案，布幅宽 60 in。

（2）点击 ✍ （布面／床数），在对话框中输入床长、宽，按顺序输入：

① 输入 1 床长（最短 10）"150"；输入 1 幅宽（最短 10）"60"；

② 输入 2 床长 "80"；输入 2 幅宽 "48"；

③ 输完后点击 ⊗ （指令中断），即可按照前述的方法点取版子、排马克（排料）。其效果如图 4-5-1 所示。

> 注意：
>
> 事先请到版型资料 🔳 功能
>
>   设定 ☑ 置版区版名打钩
>
>   ① 显示：1 类型；
>
>   ② 第几个字母显示：输入 1。

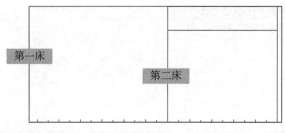

图 4-5-1

　　根据马克版不同的颜色或材质，仿真多裁床排版。裁床的长度可先给默认值，以后估计太多或太少，可修改床长。打印时可分开打印，如图 4-5-2 所示。光标移至第一床，在讯息区会显示 Bed 1（第一床）的布长及用布率，移至第二床会显示 Bed 2（第二床）的布长及用布率，若将光标移在框外则显示整个裁床之长度。

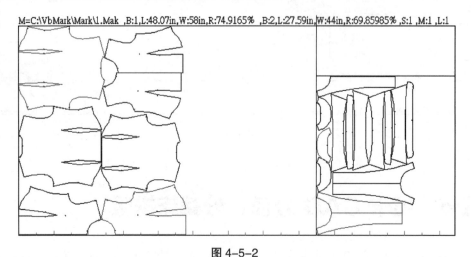

图 4-5-2

第六节　度卡 CAD 对花、对格排版流程

　　（1）参考排马克（排料）基本操作流程，选定衣版档，定立幅宽。例如：5545.Gar，幅宽150 cm。

　　（2）点击▦（布格配对），弹出图 4-6-1 所示对话框，点击 横布格 ，依次输入：布边长度（以"2"为例）；输入 X 轴数值，（可连续输入多个数值，以"8、3"为例）；输入"0"或"负数"就可以离开指令。

图 4-6-1

利用同样的方法,输入"纵布格"数值(布边长度"2",Y轴数值"6、2")。输完后数值,其效果如图4-6-2所示。

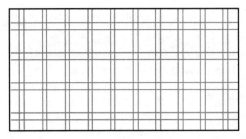

图4-6-2

说明:

① 根据实际布格宽输入值,最多可设定10条线,0为结束。

② 选择配对方式,可根据对格方式选择横布格、纵布格、全对格;若第一片版解除,开始排版时,第一片位置可重新对格,其他版则依第一片的位置做对格。

③ 若牙口配对不打钩,则为位置配对,以目测的位置做布格的设定。

(3)选择第一片和其他片的对格方式,如图4-6-3所示,以第一片解除、其他全对格为例。

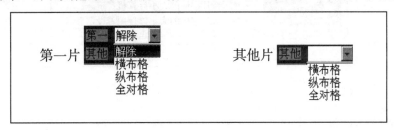

图4-6-3

(4)点击 开始配对,如图4-6-4所示。选衣版于置版区,可将版子重叠对格,模拟版子车合的情形。

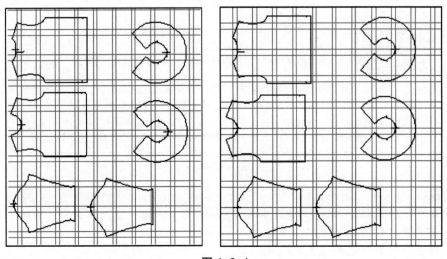

图4-6-4

第七节 度卡 CAD 版型资料功能介绍

点击 （版型资料），做"裁片标示说明""尺码显示""锁定排版方向"等设定，其功能操作说明如图 4-7-1、图 4-7-2、图 4-7-3、图 4-7-4 所示。

设定方向
- 解除 → 排版不受工具中之角度限制，可随意调整角度。
- 锁定方向 → 锁定后，工具无法使用只能固定方向排版。
- 锁定180 → 工具部份角度被锁定，只能做0度与180度旋转。
- 锁定90 → 只能做固定4个90度方向的旋转。
- 锁定镜射 → 锁定后不能镜射。
- □ 同件同向 → ☑同件同向：排版时若有毛向或色差可设定排版同一件裁片同相向排版。

图 4-7-1

显示资料
- □ 型号版名 → 显示衣版上各裁片型号及版片名称。
- ☑ 尺码编码 → 显示衣版上各裁片的尺码。
- □ 件次编码 → 显示衣版上各裁片的件数编号。
- □ 显示布纹 → 显示打版时所设定之布纹线。
- ● 一般版名 → 显示裁片字体的大小计算机自定。
- ● 依打版设定 → 显示裁片字体的大小以使用者设定显示。

图 4-7-2

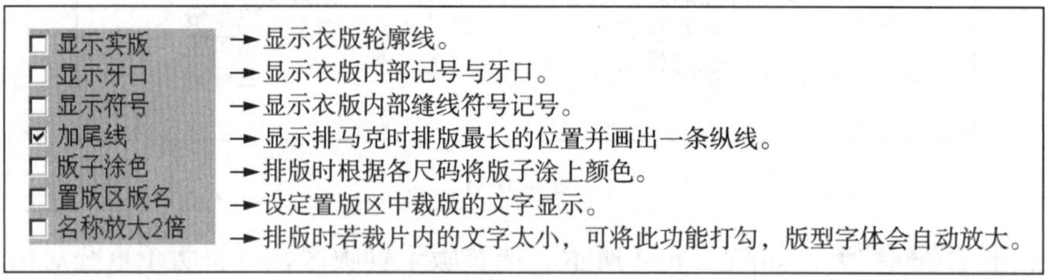

- □ 显示实版 → 显示衣版轮廓线。
- □ 显示牙口 → 显示衣版内部记号与牙口。
- □ 显示符号 → 显示衣版内部缝线符号记号。
- ☑ 加尾线 → 显示排马克时排版最长的位置并画出一条纵线。
- □ 版子涂色 → 排版时根据各尺码将版子涂上颜色。
- □ 置版区版名 → 设定置版区中裁版的文字显示。
- □ 名称放大2倍 → 排版时若裁片内的文字太小，可将此功能打勾，版型字体会自动放大。

图 4-7-3

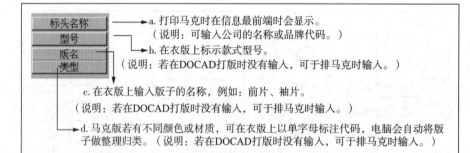

- 标头名称 → a. 打印马克时在信息最前端时会显示。
  （说明：可输入公司的名称或品牌代码。）
- 型号 → b. 在衣版上标示款式型号。
  （说明：若在DOCAD打版时没有输入，可于排马克时输入。）
- 版名
- 类型

  c. 在衣版上输入版子的名称，例如：前片、袖片。
  （说明：若在DOCAD打版时没有输入，可于排马克时输入。）

  d. 马克版若有不同颜色或材质，可在衣版上以单字母标注代码，电脑会自动将版子做整理归类。（说明：若在DOCAD打版时没有输入，可于排马克时输入。）

图 4-7-4

思考题：
1. 简述度卡服装 CAD 的排马克（排料）流程。
2. 如何设置衣片的缝隙？
3. 怎样进行对条对格的设置？
4. 怎样有选择性地排马克（排料）？
5. 什么情况下需要对某些衣片做微调，怎样做？

第五章　度卡 CAD 描人工版系统

学习目标：通过本章的学习，了解度卡 CAD 描人工版系统的操作，能熟练使用各种系统工具，并能够进行简单的实际操作。

学时：8学时。

第一节 度卡 CAD 描人工版操作流程

描人工版，首先要了解读图板游标器的按键，如图 5-1-1 所示，在了解读图板游标器按键后，才能顺利地进行描人工版进行操作。

✱	（点取按键）
✱ A	（点取按键A）
✱ B	（点取按键B）
✱ C	（点取按键C）
✱ D	（点取按键D）
✱ E	（点取按键E，或者按键盘上的Enter键）
✱ F	（点取按键F）
pt	（点取一点）
PT	（按住键盘上Ctrl键，点取一点）
Da	（放缩值）
Ln	（长度）
Ag	（角度）
Na	（数字或参数）
S~L	（小码到大码）

图 5-1-1

注意：

① 当输入 Gd,Ln,Ag 等值时：

✱A→" " 空字母

✱B→" " 空字母

✱C→"–" 负号

✱D→"." 小数点

✱E→Enter

✱F→Enter

② 当输入 Gd 时，分别为 X 轴与 Y 轴的 Gd，个别输入：

✱E→Enter Each Size（输入个别尺码）

✱F→Enter All Size（输入全部尺码）

③ 当输入 Na 时：

✱E→Enter

✱F→Enter

其他的按键按下时，作为值的输入，也可以从键盘输入，按键盘的 Enter 等于 ✱E

④ 当点取 PT, pt, S~L 时：

＊E → Exit

其他按键按下时，作为点取一点坐标。

一、建立新尺寸表格

描版之前首先建立一个空白的尺寸表。首先点击 ![siz] （尺寸表），具体步骤如下：

（1） ![icon] （删资料）：在是否删除的选项中选"是"，尺寸表归零，除尺码以外，如图 5-1-2 所示。

（2） ![unit cm] （单位选择）：下图当前单位为厘米。

注意：若打版尺寸单位为英寸时：

到"设定"录取英寸的设定档：Inch.set， 开启旧档 → ☒

☑ 0.8=1 in，则电脑进位方式逢 8 进 1 寸，尺寸 1/2" 为 0.4"

☐ 0.8=1 in，则电脑进位方式逢 10 进 1 寸，尺寸 1/2" 为 0.5"

尺寸输入时，小数点以下第二位为 10 分进位。

（3） ![icon] （删除尺码）：选取尺码自动删除。

（4） ![icon] （修改尺码）：选取旧尺码，再输入新尺码名称。

（5） ![icon] （连续增加尺码）：连续输入尺码名称。

（6） ![M] （设定打版码）：必须与描版的尺码相同。

（7） ![icon] （储存）：输入名称"××"按 Enter 即可，如图 5-1-2 所示。

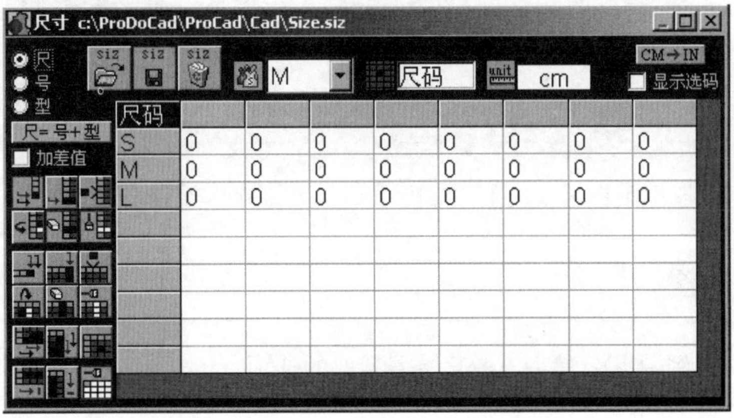

图 5-1-2

二、描人工版准备工作

（1）将要描的版子分类整理：

① 前片、后片表布，若有贴边或口袋版，用铅笔轻轻描绘于表布中，描图时可当内部线描版，省时且避免误差。

② 袖片、袖口布、领子、小配件。

③ 前片、后片、袖片里布。

以上版片分类后，可分别置于不同版面描版、分区存放于 1～4 版面，版片便于查看选取。

（2）描版最好描实版，这样核对尺寸比较正确。

（3）每一片版子都要正确标示布纹方向。

（4）打开读图板电源，会发出哗哗声；游标器置于读图板上会亮红灯表示开机状态。

（5）描版时将分类的版片置于读图板四个转角可感应的范围，每一片放置同一布纹方向。

三、描版设定、转换衣版

点击"开始描版"  会出现 ▣版面，电脑内定"⊙ 版面 1"，可自定描版放置的版面，如图 5-1-3 所示。

图 5-1-3

注意：① 软件将画面区分为 4 个版面，若版子太多，可分批描版，将版子存放在不同版面，开始描版前将 ☑ 自動排列，版子才不会重叠。

② 一个版面，可放置 100 片版子；四个版面，共可插入 400 片版子。

版面 1	版面 2
版面 3	版面 4

设指令区：点取读图板指令左上角、右下角位置（此步骤只设定一次）。

四、开始描版

点击 （开始描版），然后选择 ☑ 自動排列 的选项，再开始描版（依序将版型置于读图板上并描入电脑）。

五、转移到读图板操作

（1）点指令"方向"，再选取布纹方向两点；或手动按键"D 1"和"0 0"亦可（按键"D1"表示方向，按键"00"表示布纹方向的两点）。

电脑自动按所点布纹方向的第一点将版型调整为 X 轴方向。

（2）点指令"开始描版"或手动按键"B"亦可（按键 B 表示开始描版）。版型定义方式，参考图 5-1-4。

① 先描外部轮廓线；

② 再描内部牙口记号线；

③ 完成描版按 F。

说　明

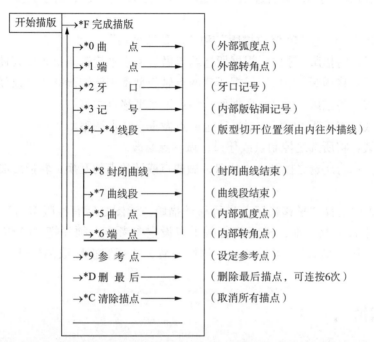

开始描版	→*F 完成描版	
	→*0 曲　　点 →	（外部弧度点）
	→*1 端　　点 →	（外部转角点）
	→*2 牙　　口 →	（牙口记号）
	→*3 记　　号 →	（内部版钻洞记号）
	→*4 →*4 线段 →	（版型切开位置须由内往外描线）
	→*8 封闭曲线 →	（封闭曲线结束）
	→*7 曲线段 →	（曲线段结束）
	→*5 曲　　点	（内部弧度点）
	→*6 端　　点	（内部转角点）
	→*9 参 考 点 →	（设定参考点）
	→*D 删 最 后 →	（删除最后描点，可连按6次）
	→*C 清除描点 →	（取消所有描点）

注意： 剪开线或贴边线在描版时皆为内部线段记号，所以描版时，不要与外部线描相同位置点。内部牙口若不切开，可以和外部控制点描同一位置。

例如：胸褶、腰褶的位置及内部线。

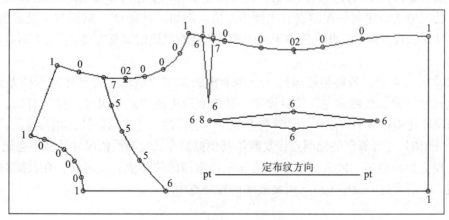

图 5-1-4

（3）1～2步骤可循环操作，完成描版，按键"结束描版"或手动按键"CE"（表示结束描版）。

六、修改描版线条

衣版描好之后，须检查每一片版子是否为平滑曲线，中心线是否为水平或垂直线。若角度有歪斜或曲线中某一个控制点要修改，可透过以下的工具对每一片版子做微调。

点击"开始描版" ，然后选取 ☑ 選版放大，再选"描版"，对于要操作的版型须先选衣版。

（1）修改版子：分为"⊙ 修改描版"和"○ 修改牙口"。

① 水平修版：将描版/牙口，根据所选两点做版型水平旋转调整（建议使用）。

② 垂直修版：将描版/牙口，根据所选两点做版型垂直旋转调整（建议使用）。

③ 水平修线：将描版/牙口，根据所选两点做水平移点调整。

④ 垂直修线：将描版/牙口，根据所选两点做垂直移点调整。

⑤ 移点位置：将所选之控制点或牙口，做移点修改。

⑥ 转换端点：将所选之控制点或牙口，做曲点或转角点的互换，转换后曲点变转角，转角变曲点。

（2）在移版中选择"平移描版"进行移动描版。读图之后有些版型会重叠，可用此工具将所选衣版平移描版。平移描版前若版子有设定参考点，须先把"☑ 包含参考点"打勾，勾选"☑ 看所有描版"，可看到全部描版位置， □ 選版放大 取消勾选，再平移重叠的描版。

七、定放缩值

1. 定放缩功能的作用

修改版型线条检查完成之后，可开始设定版型每一个放缩点的档差，设定档差方法可分为以下三种：

（1）直接输入人工所计算的档差值，此方法用于尺码少且尺寸规则的版型放缩。

（2）按尺寸表设定每一控制点的比例档差值。例如：肩宽/2，胸围/4，设定后计算机自动依尺寸比例计算档差。此方法用于尺码多且不规则放码时非常方便，不用个别输入档差，快速准确。

依尺寸表设定后，若要再修改尺寸，需要重新设定放缩值。若尺寸比例档差设定后，还要修改尺寸，建议放缩前先将描版设定、转换衣版中的"☑ 依尺寸计算"打钩，设定后每一个依尺寸比例计算的控制点，计算机会记录，若修改尺寸表的数值，相对应的档差会自动调整。"☑ 依尺寸计算"的控制点，复制给其他控制点，复制后依尺寸计算不会记录。

（3）建立放缩值表。此方法须事先建立一些常用的放缩值，设定后，在放缩时可开启放缩值表，将所设定的放缩值放入所要放缩的控制点中。

2. 描版定放缩值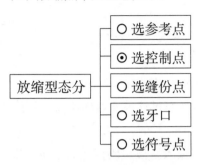

（1）放缩点单元型态如下：

放缩型态分
- ○ 选参考点
- ⊙ 选控制点
- ○ 选缝份点
- ○ 选牙口
- ○ 选符号点

（2）输入放缩方式介绍如下：

- ⊙ X、Y
- ○ 角度、长度
- ○ 方向
- ○ 相对 X、Y
- ○ 相对方向
- ○ 放缩值表

① 定放缩值时，若有设置放缩值表，在输入工具列点击 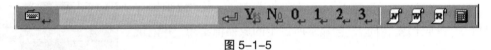（放缩值表），可开启放缩值表，如图 5-1-5 所示。

图 5-1-5

② 放缩值表内尺寸名称的格式说明：

例：X0201 前面之"02"表示版序，后面之"01"表示点数。

X：表示版型控制点水平放缩值；Y：表示版型控制点垂直放缩值；

x：表示版型内部牙口水平放缩值；y：表示版型内部牙口垂直放缩值。

若版序 00 为参考点放缩值，（因不属于版点，以 00 表示），如图 5-1-6 所示。

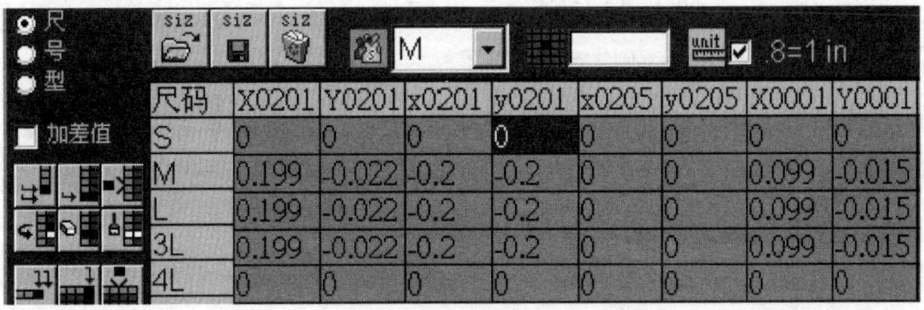

尺码	X0201	Y0201	x0201	y0201	x0205	y0205	X0001	Y0001
S	0	0	0	0	0	0	0	0
M	0.199	-0.022	-0.2	-0.2	0	0	0.099	-0.015
L	0.199	-0.022	-0.2	-0.2	0	0	0.099	-0.015
3L	0.199	-0.022	-0.2	-0.2	0	0	0.099	-0.015
4L	0	0	0	0	0	0	0	0

图 5-1-6

3. 描版定放缩值步骤

（1）选输入方式：例："⊙ X,Y"。

（2）选单元型态：例："⊙ 选控制点"。

（3）设定放缩值如图 5-1-7 所示。

① 首先选控制点。

② 点左右方向箭头，出现输入 X 值，点上下方向箭头，出现输入 Y 值。

③ 如果尺码档差相同，可输入每段尺码的档差值，或按右键选尺寸名称及 /2、/4 比例等，按"ALL"完成。

④ 若以档差值方式输入，其他尺码的档差不同，每输入一段尺码档差后须按"Each"，再设定其他尺码档差再按"Each"，个别完成设定。

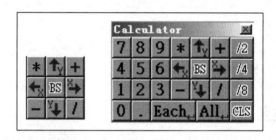

图 5-1-7

具体实施步骤：选"控制点"、点取"放缩方向"，点"放缩值"，按"ALL"（各码档差相同），会显示所设定的放缩值菜单，并记录版序、点序及各尺码差量，如图 5-1-8 对话方块所示。

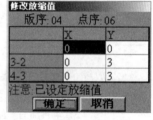

图 5-1-8

（4）定放缩值：

① （修改放缩值）：选控制点修改已设定放缩值。点下此指令，会出现修改放缩值的菜单，直接点击菜单内已设定的放缩值做修改，再按"确定"即可。

② （解除放缩值）：选控制点删除已设定放缩值。点下此指令，会出现修改放缩值的菜单，放缩值归"0"，可再重新设定放缩值。

③ 复制放缩值：把已设定的版放缩值点复制给不同版子的控制点。

④ **取放缩版值**：首先选衣版（未设定放缩值），然后点 **取放缩版值**，选取版面中已设定放缩值描版，会出现两片版型。

第二节 度卡 CAD 描上衣版缩放实例

一、范例一

描版、定放缩值 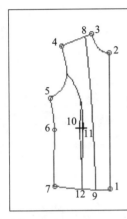：首先选择输入方式"⊙ XY"，单元型态"⊙ 选控制点"。

1. 设定放缩值

以图 5-2-1 为例，设定放缩值（图中细箭头表示放缩方向）。

（单位：cm）

选控制点	方 向 及 差 值	结 果
选 1	↓ 1	按 All
选 2	↓ 0.15	按 All
选 3	← 0.15	按 All
选 4	← 0.5	按 All
选 5	← 1　　↓0.5	按 All
选 7	← 1　　↓ 1	按 All

图 5-2-1

① 单元型态为"⊙选牙口"。

② 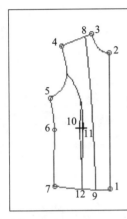（设定放缩值）：选牙口记号"10"，点"← 0.5""↓ 0.5"，按"All"结束。

2. 复制放缩值

（1）相同 XY 放缩值 的放缩步骤如下：

① 单元型态为"⊙选控制点"；

② 选控制点"5"（得放缩值）；

③ 放入控制点"6"。

（2）相同 X 方向放缩值 的放缩步骤如下：

① 单元型态为"⊙选控制点"，选控制点"3"；

② 单元型态为"⊙选牙口"，放入牙口记号"8"，选牙口记号"9"，放入牙口记号"12"。

（3）相同 XY 放缩值 的放缩步骤如下：

单元型态"⊙选牙口"，选牙口记号"10"，放入牙口记号"11"。

（4）相同 Y 方向放缩值 的放缩步骤如下：

① 单元型态"⊙选控制点"，选控制点"1"；

② 单元型态"⊙选牙口",放入牙口记号"9",选牙口"9",放入牙口"12"。

3. 选版放缩

点选 ⬜ （选版放缩），显示各尺码放缩版。

4. 放缩检测

完成一组全部版的放缩值设定之后，要仔细核对版与版相接的部位是否等长，袖窿与袖子的松量是否足够等。

（1） ⬜ （单层放缩各码）：放缩工作层内的版型资料，会以不同颜色显示尺码。

（2） ⬜ （重画工作层）：重新显示工作层内的图形。

（3） ⬜ （点（L）–点（S））：检测放缩后各尺码的档差。

（4）累加：累加前一次测量长度。

（5）累减：累减前一次测量长度。

（6） ⬜ （点距）：测量二点之间的长度，须定位端点或参考点。

（7） ⬜ （垂直点距）：测量二点之间垂直 (Y方向) 长度。

（8） ⬜ （水平点距）：测量二点之间水平 (X方向) 长度。

（9） ⬜ （间距）：测量衣版二点之间曲线长度。

若放缩尺寸有误差，则退回到"设定放缩值" ⬜，点选"修改放缩值" ⬜，然后修改完后，核对无误再进行下一步。

5. 描版设定，转换衣版 ⬜

全转衣版：选择"是，☒ 关开描版方格"。

二、范例二

表 5–2–1

尺寸档名：DIGI.SIZ				打版码：M							单位：英寸
尺码	胸围	腰围	衣摆	衣长	背宽	袖长	袖山	手臂围	袖口	肩宽	领围	BP宽
M	33.6	31	36.2	24	13.1	18	5.6	13.2	9	14.2	8.3	7
L	38.6	33	38.2	24	13.5	18	5.7	14	9.6	14.6	8.4	7.2
XL	40.6	35	40.2	24	14.1	18	6	14.6	10	15.2	8.5	7.4

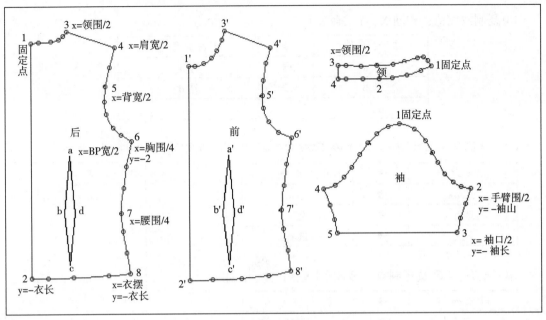

图 5-2-2

（1）描版，定放缩值 ⬚。选择输入方式"⊙ XY"和单元型态"⊙ 选控制点"

① 选描版（后片），设定放缩值 ⬚，如表 5-2-2。

表 5-2-2

选控制点	方 向 及 差 值	结 果
选 1	固定点	
选 2	↓ 衣长	按 All
选 3	→ 领围 /2	按 All
选 4	→ 肩宽 /2	按 All
选 5	→ 背宽 /2	按 All
选 6	→ 胸围 /4 ↓0.2	按 All
选 7	→ 腰围 /4	按 All
选 8	→ 衣摆 /4 ↓ 背长	按 All

② 单元型态："⊙ 选牙口"，设定放缩值 ⬚，如表 5-2-3。

表 5-2-3

选牙口点	方 向 及 差 值	结 果
选 a	→ BP 宽 /2	按 All

③复制放缩值：相同 X、Y 如下。

得 放 缩 值	→	放 入 放 缩 值
选 a	→	选 b
选 b	→	选 d
选 d	→	选 c

（2）选描版（前片图 5-2-3）➡ 取放缩值版（后片）➡ 相同 X、Y 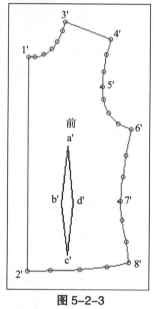，如下。

得 放 缩 值	→	放 入 放 缩 值
选 a	→	选 a'
选 b	→	选 b'
选 c	→	选 c'

单元型态："⊙ 选控制点"➡ 相同 X、Y，如下。

得 放 缩 值	→	放 入 放 缩 值
选 1	→	选 1'
选 2	→	选 2'
选 3	→	选 3'
选 4	→	选 4'
选 5	→	选 5'
选 6	→	选 6'
选 7	→	选 7'
选 8	→	选 8'

图 5-2-3

（3）选描版（领片图 5-2-4）➡ 固定点（"选 1"）➡ 设定放缩值

选控制点 "3"；← 领围 /2；按 "ALL"➡ 相同 X，如下。

得 放 缩 值	→	放 入 放 缩 值
选 3	→	选 4
选 4	→	选 2

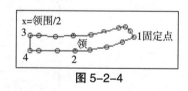

图 5-2-4

（4）选描版（袖片图 5-2-5）➡ 固定点（"选 1"）➡ 设定放缩值
选控制点 "2"；➡ 手臂围 /2 ↓ 袖山；按 "ALL"。
选控制点 "3"；➡ 袖口 /2 ↓ 袖长；按 "ALL"
左右。

得 放 缩 值	→	放 入 放 缩 值
选 2	→	选 4
选 3	→	选 5

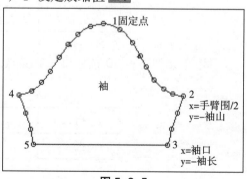

图 5-2-5

思考题：

1. 简述读图游标器按键操作说明。

2. 简述描人工版的工作流程。

3. 怎样使用读图游标器进行描版？

参考文献

［1］尚笑梅. 服装 CAD 应用手册 [M]. 北京：中国纺织出版社，1999.

［2］谭雄辉. 服装 CAD [M]. 北京：中国纺织出版社，2002.

［3］张鸿志. 服装 CAD 原理与应用 [M]. 北京：中国纺织出版社，2005.

［4］斯蒂芬·格瑞. 服装 CAD/CAM 概论 [M]. 张辉，张玲，译. 北京：中国纺织出版社，2000.

［5］刘荣平，李金强. 服装CAD技术 [M]. 北京：化学工业出版社，2010.